Wenli Sun
Mohamad Hesam Shahrajabian

Propriedades terapêuticas das plantas medicinais com antioxidantes naturais

Wenli Sun
Mohamad Hesam Shahrajabian

Propriedades terapêuticas das plantas medicinais com antioxidantes naturais

ScienciaScripts

Imprint

Cover image: www.ingimage.com

This book is a translation from the original published under ISBN 978-620-8-41511-2.

Publisher:
Sciencia Scripts
is a trademark of
Dodo Books Indian Ocean Ltd. and OmniScriptum S.R.L publishing group

120 High Road, East Finchley, London, N2 9ED, United Kingdom
Str. Armeneasca 28/1, office 1, Chisinau MD-2012, Republic of Moldova, Europe
Managing Directors: Ieva Konstantinova, Victoria Ursu
info@omniscriptum.com

Printed at: see last page
ISBN: 978-620-8-40176-4

SOBRE OS AUTORES

Wenli Sun
Laboratório Nacional de
Microbiologia Agrícola, Instituto
de Investigação em Biotecnologia,
Academia Chinesa de Ciências
Agrícolas, Pequim 100086, China

É professora associada e chefe de equipa e trabalha em temas relacionados com a medicina tradicional chinesa, a influência alelopática e a agricultura sustentável. Trabalha também em temas relacionados com a biotecnologia e a ciência molecular. A sua investigação atual incide sobre a história do coronavírus humano e a influência da medicina tradicional chinesa na prevenção e no tratamento do coronavírus humano. O seu perfil completo está disponível em http://orcide.org/0000-0002-1705-2996.
Correio eletrónico correspondente: sunwenli@caas.cn

Mohamad Hesam Shahrajabian
Laboratório Nacional de
Microbiologia Agrícola, Instituto
de Investigação em Biotecnologia,
Academia Chinesa de Ciências
Agrícolas, Pequim 100086, China

É investigador sénior de Agronomia e Biotecnologia. Interessa-se por culturas e ervas relacionadas com a medicina tradicional, especialmente as culturas da medicina tradicional chinesa e iraniana relacionadas com a agricultura biológica e a agricultura sustentável. A sua investigação atual é a influência das ervas medicinais e dos frutos nos coronavírus humanos. O seu perfil completo está disponível em http://orcide.org/0000-0002-8638- 1312. **Correio eletrónico correspondente:** hesamshahrajabian@gmail.com

ÍNDICE

Wenli Sun[#*] , e Mohamad Hesam Shahrajabian[#]

Laboratório Nacional de Microbiologia Agrícola, Instituto de Investigação em Biotecnologia, Academia Chinesa de Ciências Agrícolas, Pequim 100086, China

***Correspondência: sunwenli@caas.cn**

#Os autores contribuíram igualmente para esta investigação

Introdução

As plantas medicinais são os recursos naturais importantes para combater doenças graves, especialmente nos países em desenvolvimento (Shahrajabian et al., 2019a,b,c; Sun et al., 2019a,b). Os antioxidantes desempenham um papel importante na saúde humana, porque foram reconhecidos como capazes de diminuir a incidência de várias doenças, como o cancro e a angiocardiopatia (Wrona et al., 2021). Um antioxidante é uma substância que, quando presente em concentrações baixas em comparação com as de um substrato oxidável, atrasa ou impede significativamente a oxidação desse substrato (Halliwell, 1990). Diferentes partes de plantas, como raízes, sementes, cascas, folhas e flores, podem ser utilizadas para fins terapêuticos. As proteínas antioxidantes naturais encontram-se principalmente em plantas e animais, que interagem para eliminar o excesso de radicais livres e proteger as células e o ADN de danos, prevenir e tratar algumas doenças, e são tão importantes para o desenvolvimento de novos medicamentos e para a investigação de doenças relacionadas. O objetivo desta revisão é fazer um levantamento da importância dos antioxidantes e apresentar as plantas medicinais mais comuns do Leste da Ásia ao Oeste da Ásia e à América do Sul para a prevenção e o tratamento de doenças.

Antioxidante

Recentemente, tem sido dada mais atenção aos antioxidantes naturais devido à possível insegurança dos antioxidantes sintéticos (Gong et al., 2020; Keddar et al., 2020). Foi referido que os antioxidantes naturais, como os ácidos fenólicos, possuem um espaço químico único que pode proteger os componentes celulares do stress oxidativo, mas o seu quimiotipo polar de ácido carboxílico reduz o potencial antioxidante intracelular total devido à difusão limitada através das membranas biológicas (Diamantis et al., 2020). As espécies reactivas de oxigénio (ROS) são aquelas que incluem iões de oxigénio reactivos e peróxidos e causam impactos prejudiciais em concentrações elevadas em biomoléculas como o ADN, o ARN, as proteínas e os lípidos, conduzindo a condições patológicas nos seres humanos (Sarangarajan et al., 2017), e os antioxidantes são as moléculas que estão envolvidas na eliminação destas espécies reactivas que causam stress oxidativo, e são definidas como as substâncias que podem impedir a oxidação do substrato a baixas concentrações (Halliwell e Gutteridge, 1995). Os compostos fenólicos presentes nas especiarias possuem uma elevada capacidade antioxidante, o que pode prevenir ou reduzir o risco de doenças humanas como o cancro, as doenças cardiovasculares e a diabetes (Bi et al., 2015). As plantas medicinais contêm níveis significativamente mais elevados de compostos fenólicos com forte atividade antioxidante e os compostos fenólicos mais identificados são os flavonóides, os taninos, as cumarinas, os lignanos, as quininas, os estilbenos e os curcuminóides (Tlili et al., 2013). O óleo essencial como antioxidante natural atrai a atenção de muitos estudiosos e investigadores (Abd-ElGawad et al., 2020). Têm recebido uma atenção crescente nos últimos anos devido à sua segurança relativamente elevada, à sua ampla aceitação pelos consumidores e ao seu grande potencial para múltiplas utilizações comerciais, tais como perfumaria, alimentos e pesticidas (Zhao et al., 2008). Os péptidos derivados de plantas aumentaram as defesas antioxidantes nas células, diminuindo a produção de espécies reactivas de oxigénio e activando as defesas antioxidantes endógenas em modelos celulares (Wong et al., 2020). Alguns dos méritos dos suplementos antioxidantes podem estar relacionados com uma melhoria do estado redox celular e com a diminuição das modificações oxidativas do ADN, dos lípidos e das proteínas (Mason et al., 2020), e algumas provas indicam um impacto benéfico dos antioxidantes na recuperação muscular após um exercício intenso que causa danos musculares (Jager et al., 2019). O quitosano é um importante biopolímero produzido a partir da desacetilação de vários mares e crostas de insectos e os antioxidantes derivados do quitosano têm maiores tendências antioxidantes, e os polifenólicos aumentaram a atividade antioxidante do quitosano mais do que os mono ou difenólicos (Negm et al., 2020). O quitosano pode existir em muitas formas, tais como fibras, géis, películas, esponjas, nanopartículas e esferas, e as propriedades naturais do quitosano dependem fortemente da solubilidade em água e noutros solventes (El-Hack et al., 2020). A capacidade antioxidante é calculada através da utilização de radicais superóxido, o que é rápido, pouco dispendioso e pode ser facilmente implementado (Juarez-Gomez et al., 2020). As técnicas voltamétricas têm sido amplamente aplicadas para determinar a atividade antioxidante dos alimentos utilizando diferentes parâmetros electroquímicos, tais como a corrente de ervilha, o potencial de pico e a carga, calculando o índice eletroquímico (IE) utilizando eléctrodos de carbono vítreo (GCE) (Lima et al., 2020). Foi relatado que a secagem ambiente é adequada para a produção de passas sem sementes, que podem reter as suas substâncias fenólicas e atividade antioxidante (Qin et al., 2020). A fermentação em estado sólido aumentou quase 5 vezes o teor de fenólicos nas lentilhas e também foram detectadas propriedades antioxidantes melhoradas em extractos de lentilhas fermentadas (Magro e de Castro, 2020). A manutenção da qualidade do limão foi atribuída à sobre-expressão do gene *APX* e ao aumento dos compostos antioxidantes; o ácido salicílico foi também mais eficaz do que o jasmonato de metilo (MeJA) na melhoria da qualidade do limão e do prazo de validade pós-colheita (Serna-Escolano et al., 2020). Os sistemas encapsulados de antioxidantes controlam a biodisponibilidade nos alimentos, melhorando e conservando a qualidade, e os compostos fenólicos livres e encapsulados (PHc) apresentam atividade antioxidante contra espécies reactivas de oxigénio fotogeradas em solução aquosa (Casadey et al., 2020). Rebelatto et al. (2020) a extração por líquido pressurizado e a extração por água subcrítica mostraram ser alternativas eficientes e ecológicas para a recuperação de compostos antioxidantes. Pós liofilizados de gengibre e cúrcuma podem substituir antioxidantes sintéticos em óleos, e seus óleos apresentaram as melhores propriedades antioxidantes durante o armazenamento térmico (Tinello e Lante, 2020). Saranchina et al. (2020) sugeriram a utilização do sistema redox Cu(II)- neocuproína imobilizado numa matriz de polimetacrilato transparente para avaliar a capacidade antioxidante utilizando o método CUPRAC. Um suplemento multi-antioxidante de dose baixa pode contribuir para uma redução da ativação plaquetária, o que é benéfico para a função cardiovascular (Arnaud et al., 2007). A análise discriminante linear e os diagramas de centróides mostraram que a matriz de sensores pode detetar e discriminar bem os antioxidantes, nomeadamente o ácido lipóico, a cisteína, o tanino, o ácido ascórbico, o glutatião, o ácido úrico, a glicina e a dopamina com uma elevada sensibilidade na gama de concentrações nanomolares (Zhang et al., 2020). Birinci et al. (2020) descobriram que a quercetina (Q) e as nanopartículas de dióxido de titânio conjugado com quercetina (TiO_2)-nanopartículas ($QTiO_2$) nano-antioxidantes promoveram uma elevada biodisponibilidade e estabilidade da quercetina nas células com potência antioxidante máxima contra espécies reactivas de oxigénio (ROS), sem sinais de citotoxicidade. O ensaio baseado em MnO_2 poderia ser aplicável na deteção de rotina da capacidade antioxidante total (TAC) em amostras biológicas, como o soro humano (Jaberie et al., 2020). O co-encapsulamento de glutatião reduzido (GSH) e ácido cafeico (CA) utilizando lipossomas revestidos com quitosano é uma abordagem potencial para preparar um potente antioxidante natural no fabrico de alimentos (Ran et al., 2020). Ibrahim et al. (2010), na sua experiência, verificou que *o Cucumis sativus* L. é o antioxidante mais ativo, seguido do *Citrullus colocynthis* L., enquanto *o Momordica charantia* L. tem a menor atividade antioxidante. A butil-hidroquinona terciária (TBHQ) é um antioxidante comestível com uma propriedade não tóxica mais segura em comparação com outros antioxidantes, que pode efetivamente melhorar a capacidade antioxidante do tecido renal e reduzir os danos renais causados pela doxorrubicina (Liu et al., 2016). Undeger et al. (2009) referiram que o timol e o carvacrol apresentavam uma capacidade antioxidante dependente da concentração. O ácido clorogénico e a rutina foram identificados como os compostos fenólicos dominantes nos extractos de especiarias (Lu et al., 2011). Um número crescente de provas sugere que a diabetes está associada ao stress oxidativo com sistemas de defesa antioxidantes endógenos insuficientes (West, 2000; Newsholme et al., 2016), e o stress oxidativo desempenha um papel importante na patogénese das complicações associadas à diabetes (Ziegler et al., 2004; Song et al., 2009; Szkudlinksa et al., 2016). Os antioxidantes têm um papel benéfico na estratégia de tratamento de doentes com cancro (Godic et al., 2014), e o potencial de eliminação de ROS dos antioxidantes é muito importante em vários tipos de cancro em fases avançadas, devido ao facto de as ROS promoverem a migração e a invasão celular em células cancerígenas metastáticas (Ma et al., 2013). Os benefícios mais importantes dos antioxidantes para a saúde, tanto na prevenção como no tratamento de doenças, são apresentados no Quadro 1.

Quadro 1- Os benefícios dos antioxidantes para a saúde mais importantes para a prevenção e o tratamento de doenças.

Benefícios para a saúde.	**Pontos-chave e Mecanismo**	**Referência**
Atividade anticancerígena	a. Pensa-se que o licopeno antioxidante é responsável pela diminuição do risco de doenças crónicas como o cancro. b. As enzimas antioxidantes destroem os radicais livres por catálise, enquanto as enzimas desintoxicantes de fase 2 eliminam os potenciais agentes cancerígenos, convertendo-os em compostos inofensivos para serem eliminados do organismo. c. Os antioxidantes são essenciais para prevenir a formação e suprimir as	Rao et al. (2000) Borras et al. (2011) Prasad (2016) Dastmalchi et al. (2020) Erdogan et al. (2020) Fu et al. (2020) Meng et al. (2020) Shirinzadeh et al. (2020)

	actividades das espécies reactivas de azoto e de oxigénio. d. A fração total de macamida (TMM) da Maca apresenta a maior atividade antioxidante com uma grande atividade anticancerígena. e. Os antioxidantes diminuem a inibição do crescimento induzida pela radiação nas células do carcinoma nasofaríngeo (NPC), diminuem também as ROS induzidas pela radiação nas células NPC e suprimem a apoptose induzida pela radiação através da inibição da via MAPK nas células NPC. f. Os compostos fenólicos extraídos de plantas medicinais têm um papel importante na prevenção e no tratamento do cancro devido às suas caraterísticas antioxidantes. g. A melatonina e os seus derivados representam estruturas promissoras para a descoberta de agentes antioxidantes eficazes.	
Doença cardíaca	a. O consumo de vitaminas antioxidantes diminui significativamente o risco de doença coronária. Pensa-se que o licopeno antioxidante b. é responsável	Anderson et al. (1999) Rao et al. (2000)

	pela diminuição do risco de doenças crónicas, como as doenças cardíacas.	
Atividade antidiabética	a. A atividade antidiabética do *Ginkgo biloba* pode ser atribuída à sua atividade antioxidante sem ter um papel na peroxidação lipídica mediada por iões metálicos. b. A hiperglicemia resulta na produção excessiva de radicais livres de oxigénio que prejudicam a defesa antioxidante endógena. c. *Galega officinia* aprovada para o tratamento de doentes com diabetes mellitus não insulino-dependente. d. Alguns medicamentos à base de plantas, como a curcumina de *Curcuma longa*, *Panax quinquefolium*, *Vitis vinifera* e os glicosídeos de *Stelechocarpus cauliflorus*, foram relatados como prevenindo as complicações da diabetes e. O equilíbrio entre o stress oxidativo e os antioxidantes são mecanismos comuns para aliviar a diabetes mellitus (DM) nos seres humanos e o stress nas plantas. f. *Bauhinia forficata* L. contém atividade antioxidante que é utilizada como tratamento	Shankar et al. (2005) Khajehdehi (2012) Nasri e Rafieian-Kopaei (2014) Rahimi-Madiseh et al. (2016) Parthasarathy et al. (2019) Franco et al. (2020) Sun et al. (2020)

	complementar da diabetes mellitus tipo 2. g. Uma dieta equilibrada rica em frutas é recomendada para indivíduos diabéticos e para a população pré-diabética.	
Doenças cardiovasculares (DCV)	a. Os efeitos benéficos dos antioxidantes contra os ERO na prevenção da aterosclerose, que é uma das principais complicações que dão origem às DCV, estão comprovados. b. Os antioxidantes podem ajudar a prevenir a aterosclerose, bloqueando a oxidação das lipoproteínas de baixa densidade, juntamente com outros mecanismos de proteção. c. Os ERO estão envolvidos na regulação de factores de transcrição sensíveis à redox, como o NFκB, implicando um papel importante na sinalização celular associada às funções cardiovasculares.	Stanner et al. (2004) Xia et al. (2006) Bonello et al. (2007) Ozkanlar e Akcay (2012) Maiolino et al. (2013)
Osteoartrite do joelho (OA)	a. Uma equação entre o estado oxidante total do soro (TOS) e a capacidade antioxidante total (TAC) pode ser um bom representante do equilíbrio oxidativo do que os componentes individualmente.	Bagherifard et al. (2020)

Saúde da pele	a. Os antioxidantes dos alimentos podem atenuar o principal componente do envelhecimento cutâneo causado pela exposição solar.	Hughes et al. (2020)
Atividade anti-infeção nosocomial	a. A planta *Centrosema pubescens*, que pertence à família Fabaceae, apresentou um elevado teor de fenólicos e o seu extrato metanólico de folhas revela uma forte atividade antioxidante. Além disso, os extractos de chumbo são melhores do que os extractos de caule. O extrato matanólico de folhas é altamente eficaz no controlo de agentes patogénicos que causam infecções nosocomiais.	Murugan et al. (2020)
Urolitíase (UL)	a. Os alimentos com atividade antioxidante serão muito úteis para gerar recomendações nutricionais em diferentes doenças, principalmente UL.	Avila-Nava et al. (2020)
Biocombustíveis	a. O biodiesel é tratado com antioxidantes para aumentar a estabilidade à oxidação, o que também afecta o desempenho e as caraterísticas de emissão do biodiesel. b. Os derivados do glicerol solubilizam os antioxidantes	Balaji et al. (2019) Jeyakumar et al. (2020) Kerkel et al. (2021)

	naturais e hidrofílicos nos biocombustíveis e os antioxidantes naturais poderiam substituir os derivados da hidroquinona utilizados na indústria. c. O antioxidante natural das folhas de *Moringa Oleifera* Lam. está amplamente disponível em países tropicais, o que pode proporcionar um valor económico acrescido e pode inibir a oxidação do biodiesel através da adição de antioxidantes e melhorar a estabilidade do armazenamento. d. Os extractos de plantas de carvalho aumentam consideravelmente a estabilidade oxidativa dos biocombustíveis, e a atividade antioxidante está correlacionada com a estrutura molecular.	
Sistema nervoso central	a. A terapia antioxidante pode ter um papel positivo na esclerose múltipla. b. A diminuição das actividades das enzimas antioxidantes, como a SOD, a catalase, o glutatião e a glutatião peroxidase, nos estados neurodegenerativos significa que o potencial antioxidante está reduzido na neurodegeneração. c. A terapia antioxidante	Mirshafiey e Mohsenzadegan (2009) Ghosh et al. (2011) Pan et al. (2020) Silva et al. (2021)

	surgiu como uma abordagem útil para modular os eventos de stress oxidativo. d. O Kaempferol é um flavonoide natural presente em várias plantas e alimentos derivados de plantas que actua como agente neuroprotector contra a doença de Parkinson induzida por rotenona' s modelo de ratos e células SH-S5Y5, prevenindo a perda de expressão da tirosina hidroxilase.	
Antioxidantes em medicina dentária	a. Os leucócitos, em resposta à inflamação crónica, libertam espécies activas que são responsáveis pelos danos oxidativos nos tecidos gengivais e periodontais e no osso alveolar. b. As plantas que contêm eugenol, que é um ativador enzimático de ação antioxidante, ajudam a reduzir a dor de dentes. c. Os enxaguamentos antioxidantes, os colutórios, as soluções de irrigação e os ingredientes da pasta de dentes são alguns dos produtos para doenças dentárias comuns e doenças das mucosas. d. A utilização de antioxidantes no início do tratamento de doenças orais potencialmente malignas	Canakci et al. (2005) Carnelio et al. (2008) Miricescu et al. (2011) Kumar et al. (2013) Parthiban et al. (2016)

	pode prevenir a transformação maligna ou atrasar o seu aparecimento.	

Os antioxidantes presentes nos alimentos e nas plantas dividem-se em dois grupos, os antioxidantes hidrossolúveis (fenólicos, flavonóides, antocianinas, estilbenos e lenhina, etc.) e os antioxidantes lipossolúveis (α-caroteno, β-caroteno, licopeno, luteína e zeaxantina, etc.). Existem diferentes métodos de extração de antioxidantes de alimentos e plantas medicinais, tais como extracções por descargas eléctricas de alta tensão, extração por campo eletrónico pulsado, extração por alta pressão hidrostática, extração por fluido supercrítico, extração por líquido pressurizado, extração assistida por enzimas, extração assistida por micro-ondas e extração assistida por ultra-sons. A extração combinada de várias tecnologias é a extração assistida por ultra-sons pulsados, a extração assistida por ultra-sons/micro-ondas à base de enzimas, a extração por alta pressão hidrostática à base de enzimas, a extração por líquido supercrítico assistida por enzimas, a extração por micro-ondas sem solventes pressurizados e a extração por líquido supercrítico assistida por ultra-sons (Xu et al., 2017). Os métodos de ensaio mais importantes para medir a atividade antioxidante.

Tabela 2- Os métodos de ensaio mais importantes para medir a atividade antioxidante.

Método	**Pontos-chave**	**Referência**
Método DPPH (hidrato de 2,2-difenil-1-picril-hidrazila)	a. É o método mais amplamente divulgado para o rastreio da atividade antioxidante de muitas drogas vegetais. b. Baseia-se na redução de uma solução metanólica do radical livre colorido DPPH por um sequestrador de radicais livres. c. O procedimento envolve a medição da diminuição da absorvância do DPPH no seu máximo de absorção de 516 nm, que é proporcional à concentração do sequestrador de radicais livres adicionado à	Ara e Nur (2009) Sharma e Bhat (2009)

	solução reagente de DPPH. d. A atividade é expressa como concentração efectiva EC .$_{50}$	
Método FRAP (Capacidade de redução férrica do plasma)	a. A FRAP é o teste mais rápido e útil para a análise de rotina. b. A atividade antioxidante é estimada medindo o aumento da absorvância causado pela formação de iões ferrosos a partir do reagente FRAP contendo TPTZ (2,4,6- tri (2-piridil)-s-triazina) e FeCl $6H_3^2$ O. c. A absorvância é medida espectrofotometricamente a 595 nm 23.	Piatti (2006)
Método TRAP (Protocolo de amplificação repetida da telomerase)	a. É definido como o parâmetro antioxidante total de captura de radicais. b. A fluorescência da R-ficoeritrina é atenuada pelo ABAP (cloridrato de 2,2-azo-bis (2-amidino-propano)) como gerador de radicais. c. A reação de extinção é medida na presença de antioxidantes. O potencial antioxidante é avaliado através da medição do atraso na descoloração.	Vichitphan e Vichitphanl (2007)
Atividade de eliminação do radical superóxido	a. A atividade *in vitro* de eliminação do radical superóxido é medida pela redução de riboflavina/luz/NBT (Nitro	Jayasri et al. (2009) Rachel e Patel (2009) Shukla et al. (2009)

	blue tetrazolium). b. O método baseia-se na geração de um radical superóxido por auto-oxidação da riboflavina na presença de luz. O radical superóxido reduz o NBT a um formazão de cor azul que pode ser medido a 560 nm. c. A capacidade dos extractos para inibir a cor a 50% é medida em termos de EC50.	
Atividade de eliminação do radical hidroxilo	a. Está diretamente relacionado com a atividade antioxidante dos extractos. O método envolve a geração *in vitro* de hidroxilo. b. Radicais utilizando o sistema Fe /ascorbato/EDTA/H $O^{3+}{}_{22}$ utilizando a reação de Fenton.	Agrawal Surendra e Gokil (2009)
Atividade de inibição do radical óxido nítrico	a. É classificado como um radical livre e apresenta uma reatividade importante' s com certos tipos de proteínas e outros radicais livres. b. Este método baseia-se na inibição do radical óxido nítrico gerado a partir do nitroprussiato de sódio em solução salina tamponada e medido pelo reagente de Griess. c. Na presença de sequestradores, a absorvância do cromóforo é avaliada a 546 nm e a atividade é expressa em % de redução do óxido	Balakrishnan et al. (2009)

	nítrico.	
Método do sal de diamónio ABTS [2,2-azinobis(3-etilbenzotiazolina-6-sulfónico)	a. A atividade antioxidante dos vinhos é medida por este método, que se baseia na interação entre o antioxidante e o catião radical ABTS+, que apresenta uma cor caraterística com máximos a 645, 734 e 815 nm.	Bertrand et al. (2005) Teow e Truong (2007)
DMPD (dicloridrato de N, N-dimetil-p-fenileno diamina)	a. Este ensaio baseia-se na redução de uma solução tamponada de DMPD corada em tampão acetato e cloreto férrico. b. O procedimento envolve a medição da diminuição da absorvância do DMPD na presença de absorventes no seu máximo de absorção de 505 nm.	Asghar e Ullah Khan (2007)
Capacidade de absorção do radical de oxigénio (ORAC)	a. Pode ser utilizado para testar o poder antioxidante de alimentos e outras substâncias químicas. b. O teste é efectuado utilizando Trolox (um análogo hidrossolúvel da Vitamina E) como padrão para determinar o Equivalente Trolox (TE). Quanto mais elevado for o valor ORAC, maior é o poder antioxidante. c. Este ensaio baseia-se na geração de radicais livres utilizando AAPH (2,2,-azobis 2-amido propano dihidrocloreto) e na medição	Ehlenfeldt e Prior (2001) Xu et al. (2007)

	da diminuição da fluorescência na presença de sequestradores de radicais livres.	
Modelo do linoleato de β-caroteno	a. Este método rápido destina-se à despistagem de antioxidantes e baseia-se principalmente no princípio de que o ácido linoleico, que é um ácido gordo insaturado, é oxidado por espécies reactivas de oxigénio (ROS) produzidas pela água oxigenada. b. Os antioxidantes diminuem a extensão da descoloração, que é medida a 434 nm e a atividade é medida.	Tatjiana et al. (2005)
Ensaio de peroxidação lipídica microssomal ou ácido tiobarbitúrico (TBA)	a. O teste TBA é um dos testes mais frequentemente utilizados para medir a peroxidação dos lípidos. b. Os métodos envolvem o isolamento de microssomas de fígado de rato e a indução de peróxidos lipídicos com iões férricos, levando à produção de uma pequena quantidade de malonaldeído (MDA). O TBA reage com o MDA para formar um cromagénio rosa, que pode ser detectado espectrofotometricamente a 532 nm.	Zahin e Aqil (2009)

Plantas medicinais com atividade antioxidante

Os compostos naturais à base de plantas têm sido responsáveis por uma vasta gama de propriedades biológicas, tais como actividades antioxidantes, anti-inflamatórias e antimicrobianas (Shahrajabian et al., 2020a,b,c,d). Diferentes partes de plantas, como raízes, sementes, casca, folhas e flores, podem ser utilizadas para fins terapêuticos. As proteínas antioxidantes naturais encontram-se principalmente nas plantas e nos animais, que interagem para eliminar o excesso de radicais livres e proteger as células e o ADN de danos, prevenir e tratar algumas doenças, e são tão importantes para o desenvolvimento de novos medicamentos e para a investigação de doenças relacionadas (Ao et al., 2020). A eletroanálise de medicamentos fitoterápicos pode ser uma ferramenta promissora para avaliação do potencial antioxidante; Leite et al. (2018) observaram que os maiores índices eletroquímicos estavam relacionados a *Ginkgo biloba* L. e *Hypericum perforatum* L. Duas espécies de Notocactus (*N. shlosserii* e *N. roseoluteus*) e uma espécie de Mammillaria (*M. spinosissima*) mostraram considerável atividade antioxidante (Abouseadaa et al., 2020). Foram relatadas possíveis interações sinérgicas na capacidade antioxidante e antibacteriana de óleos essenciais de seis plantas medicinais selecionadas, nomeadamente *Callistemon lanceolatus* (Sm.) Sweet, *Ocimum Cymbopogon flexuosus* (Nees ex Steud.) W. Watson, *Mentha longifolia* L. e *Vitex negundo* L., em combinação, bem como com antioxidantes e antibióticos sintéticos (Sharma et al., 2020). Dong et al. (2021) sugeriram que a fibra alimentar da cenoura poderia ser uma fonte promissora de antioxidantes. Os hidrocarbonetos monoterpenos, como o *A. absinthium* e *o A. scoparia*, e os terpenóides fenólicos, como o timol ou o carvacrol, como o *O. tyttanthum* e *a Mentha longifolia*, são os principais compostos químicos que podem resultar nas actividades antioxidantes mais fortes (Bhavaniramya et al., 2019). O timol e o carvacrol são monoterpenos importantes presentes em vários tipos de óleo essencial extraído de O. tyttanthum, Mentha longifolia e Thymus serpyllus, que desempenham um papel fundamental nas propriedades antioxidantes (Caldefie-Chezet et al., 2006). Os óleos extraídos das plantas medicinais como a canela, a noz-moscada, o cravo, o manjericão, a salsa, os orégãos e o tomilho apresentam actividades antioxidantes significativas devido à presença de constituintes principais como o timol e o carvacrol (Aruoma, 1998). Modzelewska et al. (2005) referiram que componentes como certos álcoois, éteres, cetonas, aldeídos e monoterpenos: linalol, 1,8-cineol, geranial/neral, citronelal, isomentona, mentona e alguns monoterpenos também têm uma função importante nas propriedades antioxidantes. As combinações de ácido ascórbico com quercetina ou curcumina resultaram num sinergismo antioxidante (Noon et al., 2020). Aoussar et al. (2020), após determinarem a variação sazonal da atividade antioxidante e do teor fenólico de *Pseudervernia furfuraceae*, *Evernia prunastri* e *Ramalina farinacea*, encontraram uma relação significativa entre a atividade antioxidante e os fenólicos totais; mostraram também que a época de colheita teve um impacto significativo no teor fenólico e na capacidade antioxidante das espécies experimentadas. Crespo et al. (2019) relataram que as misturas de três óleos essenciais de *Apium graveolens*

L., *Thymus vulgaris* L. e *Coriandrum sativum* L. mostraram a melhor atividade antioxidante e também tiveram o maior efeito sinérgico, e a maior contribuição para a potencialização da atividade antioxidante foi observada por *T. vulgaris* seguido por *A. graveolens* e depois *C. sativum*. A atividade antioxidante das espécies de cogumelos varia consoante o tecido corporal e, entre os tecidos, a casca e as brânquias apresentam uma atividade antioxidante notável (Kruzselyi et al., 2020). As plantas medicinais comuns com actividades antioxidantes de diferentes partes do mundo são apresentadas no Quadro 3.

Quadro 3- Plantas medicinais comuns com actividades antioxidantes em diferentes partes do mundo.

Planta	Família de plantas	Pontos-chave	Referência
Akoga (*Lophira procera* A. Chev)	Ochnaceae	a. É uma árvore gigante da floresta húmida, e as suas actividades biológicas devem-se certamente ao elevado teor de compostos fenólicos. b. Devido à grande atividade antioxidante, anti-inflamatória e antiangiogénica dos seus extractos, é utilizada contra úlceras, cancro da mama, dores renais e dentárias.	Ngoua-Meye-Misso et al. (2018)
Albizia myriophylla Benth.	Fabáceas	a. Encontra-se amplamente nos países do Sudeste Asiático e é utilizada na medicina popular tailandesa há muito tempo, contendo elevadas actividades	Bakasatae et al. (2018)

		antioxidantes e anti-inflamatórias.	
Alchornea cordifolia	Euphorbiaceae	a. É um arbusto perene ereto e arbustivo ou uma pequena árvore de até 4 metros de altura que se reproduz a partir de sementes, que é um potente antioxidante, uma vez que a desintoxicação do paracetamol pode ser mediada pela conjugação catalisada pela glutationa S-transferase (GST) com a glutationa (GSH) no fígado.	Kolawole et al. (2007)
Aloé vera (*Aloe vera* (L.) Burm. F.)	Xanthorroeaceae	a. *O Aloé vera* é uma boa fonte terapêutica potencial de fenol bioativo que tem uma boa atividade antioxidante.	Kumar et al. (2017a,b) Benzidia et al. (2019)
Amaranto (*Amaranthus hypochondriacus*)	Amaranthaceae	a. A atividade antioxidante da família Amaranthus contribuiu largamente para os vários valores medicinais. b. A hidrólise de proteínas de sementes de amaranto por bactérias do ácido lático liberta péptidos antioxidantes.	Adegbola et al. (2020) Sanchez-Lopez et al. (2020)

		c. A albumina e a glutelina das sementes de amaranto são uma fonte de péptidos antioxidantes.	
Anemarrhena asphodeloides Bunge	Asparagaceae	a. Os ensaios das propriedades antioxidantes demonstraram que os derivados modificados exibiram efeitos de eliminação mais fortes nos radicais DPPH e hidroxilo.	Zhang et al. (2020)
Agrocybe aegerita	Bolbitiaceae	a. As hidrolases das proteínas de *Agrocybe aegerita* podem ser utilizadas como antioxidantes naturais nos alimentos. b. Foram identificados vinte e cinco novos péptidos antioxidantes com elevadas pontuações antioxidantes.	Song et al. (2020)
Artemisia dracunculus L.	Asteraceae	a. Contém compostos fenólicos e apresenta uma atividade antioxidante significativa.	Bandli e Heidari (2014)
Bacopa monniri Linn.	Schrophulariaceae	a. As suas partes aéreas mostraram	Ghosh et al. (2007)

		efeitos antioxidantes na peroxidação lipídica induzida por $FeCl_2$ -ascorbato em homogenato de fígado de rato. b. Foi proposto que as suas partes aéreas poderiam proteger as células do fígado dos danos hepáticos induzidos pelo paracetamol através do seu efeito antioxidante nos hepatócitos e eliminando os efeitos deletérios dos metabolitos tóxicos do paracetamol.	
Manjericão (*Ocimum basilicum* L.)	Lamiaceae	a. Os extractos de manjericão continham níveis apreciáveis de conteúdo fenólico total e mostraram uma boa capacidade de eliminação do radical DPPH, superior à dos óleos essenciais.	Ahmed et al. (2019)
Bauhinia racemosa Lam.	Caesalpiniaceae	a. O extrato de metanol pode proteger as células do fígado dos danos hepáticos induzidos pelo paracetamol e pelo CCl_4 através do	Gupta et al. (2004)

		seu efeito antioxidante nos hepatócitos, eliminando assim os efeitos deletérios dos metabolitos tóxicos do paracetamol ou do CCl_4.	
Loureiro (*Laurus nobilis* L.)	Lauraceae	a. O seu extrato hidroalcoólico mostrou a maior atividade antioxidante medida por DPPH com valores IC50 de 257±12 µg/mL.	Fernandez et al. (2019)
Laranja amarga (*Citrus aurantium* L.)	Rutáceas	a. Foi descoberto um elevado potencial de atividade antioxidante das suas flores. b. O aparecimento de vários fitocompostos solúveis, como os fenólicos e os falvonoides, contribuiu consideravelmente para as caraterísticas antioxidantes.	Suryawanshi (2011) Djenane (2015) Degirmenci e Erkurt (2020)
Boesenbergia (*Boesenbergia rotunda* (L.) Mansf.)	Zingiberaceae	a. É bem conhecido na medicina popular tailandesa. Com base no poder redutor/antioxidante férrico (FRAP) e no DPPH, contém bons	Jitvaropas et al. (2012)

		compostos antioxidantes (22,2 µM/ug e 76,3 mg/mL, respetivamente).	
Camu-Camu (*Myrciaria dubia*)	Myrtaceae	a. É um fruto da América do Sul, e o extrato da sua semente contém um elevado teor de antioxidantes que pode ser um potencial ingrediente a adicionar aos iogurtes.	Fidelis et al. (2020)
Chia (*Salvia hispanica* L.)	Lamiaceae	a. É uma planta anual; as sementes de Chia têm componentes bioactivos promissores, como antioxidantes, que são bons para a saúde humana.	Firtin et al. (2020)
Urtiga comum (*Urtica dioica* L.)	Urticáceas	a. Tem uma elevada atividade antioxidante.	Ozen e Korkmaz (2003) Chahardehi et al. (2009) Yener et al. (2009) Guder e Korkmaz (2012) Kukric et al. (2012)
Dodonaea viscosa	Sapindáceas	a. É uma planta lenhosa de folha perene originária da Austrália, que é utilizada em todo o	Al Habsi e Hossain (2018)

		mundo para o tratamento de diferentes doenças crónicas. b. A maior atividade antioxidante foi encontrada no extrato de hexano e a menor atividade antioxidante foi encontrada no extrato de butanol. c. Os compostos puros obtidos a partir de extractos de hexano e acetato de etilo das espécies vegetais selecionadas podem ser uma boa fonte de antioxidantes naturais.	
Feijão Dolichos (*Dolichos lablab*)	Fabáceas	a. O feijão Dolichos imaturo é popular nos países asiáticos porque é uma fonte potente de vitamina C, antioxidantes, bem como de outros macro e micronutrientes.	Hassan e Joshi (2020)
Chá verde (*Camellia sinensis* (L.) Kuntze)	Theaceae	a. As fracções de chá verde com uma maior quantidade de compostos fenólicos têm actividades antioxidantes mais fortes.	Molan et al. (2009)
Baccharis	Asteraceae	a. Espécie nativa do	Oliveira et al.

articualata (Lam.) Pers		Sul do Brasil, Paraguai, Uruguai e Argentina, com elevada atividade antioxidante.	(2014)
Baccharis usterii Heering	Asteraceae	a. Espécie nativa do Sul do Brasil, Paraguai, Uruguai e Argentina, com elevada atividade antioxidante.	Oliveira et al. (2014)
Banana (*Musa* spp.)	Musáceas	a. As flores da espécie *Musa* podem fornecer quantidades significativas de antioxidantes naturais à dieta humana. b. Os extractos brutos de banana madura apresentaram um potencial antioxidante significativo, com o potencial máximo nos extractos de clorofórmio e *n-hexano* e o mínimo no extrato bruto de acetato de etilo.	Sonowal et al. (2016) Al Amri e Hossain (2018)
Banyan (*Ficus benghalensis* L.)	Moráceas	a. O material da casca de *F. benghalensis* é uma boa fonte de compostos biologicamente activos com potencial antioxidante e anticancerígeno.	Raheel et al. (2017)

Espinheiro negro (*Prunus spinosa* L.)	Rosáceas	a. É um arbusto espinhoso que cresce de forma selvagem em áreas não cultivadas da Europa, da Ásia Ocidental e do Mediterrâneo, e o extrato etanólico do seu fruto mostrou atividade antioxidante.	Sabatini et al. (2020)
Brócolos (*Brassica oleraceae* var. italica)	Brassicaceae	a. Os brócolos são uma das principais fontes de flavonóis da dieta, o que está relacionado com a capacidade antioxidante.	Duan et al. (2020) Guan et al. (2020)
Trigo mourisco (*Fagopyrum esculentum* Moench)	Polygonaceae	a. A torrefação reduziu a capacidade antioxidante do trigo mourisco tártaro.	Ma et al. (2020)
Bursera microphylla	Burseraceae	a. É uma planta endémica do deserto de Sonora, que apresenta uma elevada atividade antioxidante.	Vidal-Gutierrez et al. (2020)
Canna edulis Ker-Gawl	Cannáceas	a. O rizoma *de C. edulis* é uma fonte potencial de compostos bioactivos ou de alimentos funcionais, e os seus compostos bioactivos	Nguyen et al. (2020)

		são bons candidatos para o desenvolvimento de medicamentos contra a trombose e de agentes antioxidantes.	
Canola (*Brassica napus* L.)	Brassicaceae	a. O sinergismo antioxidante da canola e da α-T ocorre apenas em micelas reversas de 1,*2-dioleoil-sn-glicero-3-fosfocolina* (DOPC).	Rokosik et al. (2020)
Cape May (*Coleonema album* (Thunb.) Bartl. & J.C. Wendl.)	Rutáceas	a. É um membro do bioma sul-africano Fynbos e os seus extractos possuem uma atividade antioxidante significativa *in vitro*, uma grande parte da qual parece ser contribuída pelos compostos fenólicos.	Esterhuizen et al. (2006)
Ceropegia thwaitesii Hook	Asclepiadáceas	a. O ensaio DPPH de extractos in vitro de caules em metanol e de extractos de folhas em etanol revelou as melhores propriedades antioxidantes com valores importantes de IC_{50} de 0,248±0,45 μg/mL e 0,397±0,67	Muthukrishnan et al. (2018)

		µg/mL, respetivamente, o que sugere que *a C. thwaitesii* é uma excelente fonte de compostos antioxidantes a explorar a nível industrial como aditivo alimentar.	
Chokeberry (*Aronia melanocarpa*)	Rosáceas	a. Possui uma grande atividade antioxidante.	Gao et al. (2020)
Christia vespertilionis	Fabáceas	a. A sua folha possui actividades antioxidantes e antidiabéticas.	Murugesu et al. (2020)
Canela (*Cinnamomum burmannii*)	Lauraceae	a. Os extractos continham vários compostos fenólicos.	Muhammad et al. (2021)
Clerodendro (*Clerodendrum trichotomum*)	Lamiaceae	a. O Clerodendrum é uma planta com uma potente atividade antioxidante e tem sido frequentemente utilizada como remédio tradicional contra a bronquite, asma, doenças do fígado e do estômago.	Kar et al. (2019)
Cochlospermum regium (Schrank) Pilg.	Bixaceae	a. O extrato da sua raiz mostrou efeitos antioxidantes e antidiabéticos promissores que	Miranda Pedroso et al. (2019)

		podem estar relacionados com o seu elevado conteúdo fenólico.	
Flores de café (*Coffea Arabica* L.)	Rubiáceas	a. As flores de café são um novo produto alimentar de valor acrescentado com potencial antioxidante, e a infusão de flores de Conilon liofilizadas a 92° C resulta num aumento da capacidade antioxidante.	Pinheiro et al. (2021)
Cordyceps cicadae	Cordycipitaceae	a. É um medicamento tradicional chinês que possui actividades antioxidantes e anti-envelhecimento significativas e pode ser explorado como um novo suplemento dietético para retardar o processo de envelhecimento.	Zhu et al. (2020)
Costus afer. Ker	Costaceae	a. É uma planta medicinal herbácea perene alta, não ramificada, com uma boa atividade antioxidante.	Atere et al. (2018)
Crinum asiaticum L.	Amaryllidaceae	a. Os agentes antioxidantes e antimicrobianos que	Goswami et al. (2020)

		estão disponíveis nas suas folhas, onde a água e o acetato de etilo podem ser os sistemas de solventes eficazes para extrair os agentes antimicrobianos e antioxidantes, respetivamente.	
Dendrobium longicornu Lindl.	Orquidáceas	a. É amplamente utilizado na medicina tradicional asiática, que é rica em actividades antioxidantes. b. Devido à presença de compostos bioactivos, os extractos de protocórmios eliminam os radicais livres DPPH, que têm um potencial efeito antioxidante.	Paudel et al. (2020)
Dendropanax dentiger (Harms) Merr.	Araliaceae	a. É uma medicina tradicional chinesa, foram relatadas as actividades inibidoras e antioxidantes da COX-2 de 19 compostos.	Yang et al. (2020)
Dwarfelder (*Sambucus ebulus* L.)	Caprifoliaceae	a. Os extractos aquoso e metanólico dos frutos de *S. ebulus* foram influenciados pela	Barak et al. (2020)

		digestão humana simulada, as alterações na atividade antioxidante foram consistentes com as alterações nos fenólicos.	
Echinops albicaulis Kar. & Kir	Asteraceae	a. O seu extrato metanólico aquoso mostrou uma atividade antioxidante significativa.	Kiyekbayeva et al. (2018)
Eucalipto (*Eucalyptus globulus*)	Myrtaceae	a. O extrato de polifenóis de folhas de eucalipto (EPE) demonstrou uma grande atividade antioxidante *in vitro*. b. Como a folha de eucaplytus é uma boa fonte de antioxidantes naturais, o tratamento com EPE aumenta os níveis de antioxidantes, a qualidade e a microbiota intestinal da carne de frango.	Haddad et al. (2017) Li et al. (2020)
Euphorbia gaditana Coss.	Euphorbiaceae	a. Todos os extractos e compostos isolados apresentaram atividade antioxidante.	Babaoui et al. (2020)
Bluestar europeu	Apocináceas	a. O extrato aquoso	Acemi et al. (2020)

(*Amsonia orientalis*)		das suas folhas apresentou uma atividade antioxidante promissora, mesmo quando utilizado a baixa concentração.	
Fava (*Vicia faba* L.)	Fabáceas	a. Os hidrolisados de proteínas de fava mostraram atividade antioxidante e os péptidos antioxidantes foram identificados por análise peptidómica.	Samaei et al. (2020)
Funcho (*Foeniculum vulgare Mill*)	Apiáceas	a. As suas sementes são consideradas fontes naturais de antioxidantes. b. O óleo essencial de funcho chinês indicou uma atividade elevada na eliminação do radical DPPH com IC_{50} (15,66 mg/g), e o óleo essencial de funcho egípcio mostrou uma atividade muito baixa com IC_{50} (141,82 mg/g)	Abdellaoui et al. (2017) Ahmed et al. (2019)
Feno-grego (*Trigonella-Foenum Graecum*)	Fabáceas	a. O óleo de sementes de feno-grego indicou uma forte atividade antioxidante de eliminação de radicais contra os	Mukthamba e Srinivasan (2017) Baba et al. (2018) Akbari et al. (2019)

		ensaios DPPH e ABTS com um IC_{50} de 172,6±3,1 e 161,3±2,21, respetivamente.	
Cominho preto (*Nigella sativa* L.)	Ranunculáceas	a. O extrato de *Nigella sativa* poderia ser um novo agente neuroprotector contra o stress oxidativo que caracteriza a neuropatia diabética através dos seus efeitos antioxidantes, antidiabéticos e anti-inflamatórios.	Alkhalaf et al. (2020)
Figo (*Ficus carica L.*)	Moráceas	a. O co-produto líquido gerado pelos figos (FLC) obtido a partir da casca e da polpa pode ser uma alternativa para utilização como conservante natural em matrizes alimentares devido à sua ampla atividade antioxidante. b. A FLC obtida da casca apresentou maior atividade antioxidante do que a FLC da polpa.	Viuda-Martos et al. (2015)
Flos Lonicerae	Caprifoliaceae	a. É uma erva medicinalmente útil da medicina tradicional chinesa.	Lan et al. (2007)

		Os seus extractos apresentam uma atividade antioxidante e o ácido clorogénico é um dos principais responsáveis por esta atividade.	
Ixora coccinea Linn.	Rubiáceas	a. A sua raiz mostrou uma forte atividade antioxidante em ambos os sistemas de teste eletroquímico (voltametria cíclica) e convencional.	Muhammad et al. (2020)
Agrião de jardim (*Lepidium sativum*)	Brassicaceae	a. O óleo de sementes demonstrou atividade antioxidante num padrão dependente da dose, com um valor de meia concentração inibitória máxima (IC_{50}) de 40mg/ml.	Alqahtani et al. (2019)
Gengibre (*Zingiber officinale* Rosc.)	Zingiberaceae	a. O rizoma de gengibre e o seu calo são uma fonte potencial de fenólicos com actividades antioxidantes. b. O 6-gingerol e o 6-shogaol apresentaram uma atividade antioxidante comparável.	Chen et al. (2009) Ali et al. (2018) An et al. (2019) Idris et al. (2019)
Ginkgo	Ginkgoaceae	a. A lenhina da casca	Jiang et al. (2020)

(*Ginkgo biloba* L.)		do Ginkgo tem uma atividade antioxidante mais elevada do que os antioxidantes comerciais, e o hidroxilo fenólico domina a atividade antioxidante da lenhina.	
Giseng (*Panax ginseng* Meyer)	Araliaceae	a. O extrato de ginseng vermelho apresentou excelentes efeitos antioxidantes através do aumento das actividades da superóxido dismutase, da catalase e da glutationa peroxidase no fígado e da diminuição dos níveis séricos de 8-hidroxi-2′-deoxiguanosina, aspartato aminotransferase e lactato desidrogenase, em comparação com os grupos tratados com extrato de ginseng vermelho fermentado e extrato de ginseng vermelho preto.	Saba et al. (2018)
Uva (*Vitis vinifera* L.)	Vitaceae	a. O elevado potencial antioxidante das uvas pode dever-se ao seu	Kedage et al. (2007) Wang et al. (2017) Sandoval et al. (2019)

		teor de fenólicos e flavonóides. b. O bagaço de uva vermelha conserva uma elevada capacidade antioxidante após armazenamento e digestão *in vitro*, pelo que apresenta potencial como ingrediente funcional ou nutracêutico. c. O extrato de grainha de uva contém proantocianidinas que podem ser úteis na prevenção e no tratamento de doenças relacionadas com os radicais livres.	Rajakumari et al. (2020)
Guayusa (*Ilex guayusa* Loes.)	Aquifoliaceae	a. É um arbusto nativo da Amazónia que se encontra amplamente difundido no Equador, Bolívia, Peru e Colômbia. b. Os extractos de *I. guayusa* podem ser propostos como um componente promissor para a formação de bebidas funcionais, cosméticos e produtos	Arteaga-Crespo et al. (2020)

		farmacêuticos, uma vez que a atividade antioxidante desta espécie foi relatada utilizando os métodos FRAP e ABTS.	
Helichrysum foetidum Moench	Asteraceae	a. A atividade antioxidante foi indicada como IC_{50} e revela efeitos antioxidantes semelhantes aos do Trolox.	Tirillini et al. (2013)
Hieracium pannosum Boiss.	Asteraceae	a. O ácido clorogénico foi o principal componente dos extractos da folha e da raiz, enquanto o extrato da flor foi considerado rico em luteolina, luteolina-7-glucósido, apigenina e ácido clorogénico, o que sugere a importância desta planta como uma fonte antioxidante séria nas indústrias cosmética, alimentar e farmacêutica.	Gokbulut et al. (2017)
Hopea erosa (Bedd.) Slooten	Dipterocarpaceae	a. As espécies de árvores ameaçadas de *Hopea erosa* têm níveis consideráveis de capacidade antioxidante.	Vidya et al. (2013)

Madressilva japonesa (*Lonicera japonica* Thunb)	Caprifoliaceae	a. A cultura de suspensão de células de *L. japonica* combinada com os elicitores ideais tem aplicações potenciais na produção comercial de ácidos clorogénicos (CGAs) e enzimas, bem como no aumento do nível da capacidade antioxidante.	Du et al. (2020)
Feto de corrente com jóias (*Woodwaria unigemmata* (Makino) Nakai)	Blechnaceae	a. Distribuída predominantemente no hemisfério norte, especialmente no leste da Ásia, é utilizada há muitos anos na medicina tradicional chinesa e indiana. b. Os extractos de plantas testados mostraram compostos polifenólicos ricos com uma atividade antioxidante eficiente nos ensaios DPPH e FRAP.	Takuli et al. (2020)
Juta (*Corchorus olitorius*)	Malvaceae	a. Tem uma boa atividade antioxidante.	Oboh et al. (2009)
Lada panjang (*Piper officinarum*)	Piperaceae	a. É uma trepadeira que cresce na Malásia, na China, na	Salleh et al. (2012)

		Índia, na Indonésia e nas Filipinas e que tem grandes actividades antioxidantes.	
Lavandula officinalis	Lamiaceae	A capacidade do seu extrato para atuar como eliminador de radicais livres ou dador de hidrogénio foi descoberta pelo ensaio de atividade de eliminação do radical DPPH.	Bouayed et al. (2007)
Lavendula bipinnata	Lamiaceae	As suas folhas podem ser uma boa fonte natural de compostos antioxidantes que podem definitivamente ser utilizados na conceção de medicamentos para lutar contra doenças relacionadas com o stress oxidativo.	Pande e Chanda (2020)
Mirtilo de limão (*Backhousia cirtiodora*)	Myrtaceae	É uma planta da floresta tropical nativa da Austrália, e as suas folhas apresentam uma elevada atividade antioxidante.	Sakulnarmrat e Konczak (2012) Sakulnarmrat et al. (2013) Saifullah et al. (2019)
Alface (*Lactuca sativa* L.)	Asteraceae	a. A alface contém antioxidantes; em condições de azoto	Zhou et al. (2020)

		limitado, a alface tende geralmente a melhorar as suas qualidades antioxidantes, mas a extensão deste efeito depende muito do genótipo.	
Lycium barbaum L.	Solanáceas	a. Tem uma boa atividade antioxidante.	Wang et al. (2020)
Lycopodium clavatum	Lycopodiaceae	a. As cápsulas de exina de esporopollenina derivadas de *Lycopodium clavatum* possuem uma capacidade antioxidante prática e a atividade antioxidante reflecte de perto a dos fenóis de pequenas moléculas relacionadas.	Thomasson et al. (2020)
Maca (*Lepidium meyenii*)	Brassicaceae	a. A fração total de macamidas (TMM) apresenta a maior atividade antioxidante, sendo também inibidora das células cancerígenas.	Fu et al. (2020)
Manga (*Mangifera indica*)	Anacardiaceae	a. A polpa da manga contém antioxidantes, como a mangiferina, que podem ser	Lobo et al. (2017)

		utilizados nos alimentos para melhorar as suas propriedades funcionais.	
Mangifera pajang Kosterm	Anacardiaceae	a. *A Mangifera pajang* é uma boa fonte de antioxidantes. b. A adição de um solvente eutéctico profundo natural composto por cloreto de colina e ácido ascórbico (CHCL/AA NADES) pode aumentar a solubilidade e as propriedades antioxidantes dos extractos antioxidantes de resíduos de frutos de *Mangifera pajang*.	Ling et al. (2020)
Marlua (*Sclerocarya birrea* (A. Rich) Hochst.)	Anacardiaceae	a. É uma árvore indígena, decídua da savana, que cresce até uma altura de 20 m, e o metahonal extraído das amostras de casca em pó tem actividades antioxidantes.	Ndwammbi et al. (2018)
Mangostão (*Garcinia mangostana* L.)	Clusiaceae	a. É um superfruto exótico popular no Sudeste Asiático, que contém um teor	Mohammad et al. (2019)

		natural de antioxidantes.	
Micromeria nervosa (Desf.) Benth	Lamiaceae	a. Os seus extractos aéreos apresentam um potencial biológico devido à sua atividade antioxidante e inibição enzimática.	Sarikurkcu et al. (2020)
Morinda morindoides (Baker) Milne-Redh	Rubiáceas	a. As suas folhas são uma boa fonte de antioxidantes.	Akinloye et al. (2015)
Moringa oleifera	Moringaceae	a. O extrato das suas folhas tem efeitos antioxidantes na oxidação da hemoglobina induzida pela ferricianida de potássio. b. Os antioxidantes lipofílicos *da Moringa oleifera* aumentam a atividade antioxidante no sangue e no leite de vacas leiteiras em transição. c. O potencial antioxidante do extrato metanólico das folhas de *Moringa oleifera* teve um papel protetor contra o stress oxidativo no coração de ratos diabéticos.	Aju et al. (2020) Harun et al. (2020) Kekana et al. (2020)

Ganoderma lucidum	Ganodermatáceas	a. É um tipo de cogumelo utilizado há anos em toda a Ásia e é conhecido pelas suas propriedades antioxidantes.	Sargowo et al. (2018)
Garcinia schomburgkiana	Clusiaceae	a. O extrato etanólico das suas folhas revelou a atividade antioxidante mais forte.	Thummajitsakul et al. (2020)
Espinheiro-alvar (*Crataegus monogyna*)	Rosáceas	a. Foram determinados os fenólicos com maior contribuição para a atividade antioxidante.	Li et al. (2020)
Hibiscus sabdariffa L.	Malvaceae	a. Foi investigado o potencial antioxidante e de metabolização de drogas do extrato de antocianina de Hibiscus nos danos oxidativos induzidos pelo CCl_4 no fígado de ratos. b. O seu extrato pode atuar como profilático intervindo como eliminador de radicais livres tanto *in vitro* como *in vivo*, bem como induzindo as enzimas de	Ajiboye et al. (2011)

		desintoxicação de drogas de fase II.	
Kiwis (*Actinidia deliciosa*)	Actinidiaceae	A água subcrítica extraiu eficazmente bioactivos fenólicos da casca de kiwis.	Guthrie et al. (2020)
Lótus (*Nelumbo nucifera Gaertn*)	Nelumbonaceae	a. O triptofano do extrato aquoso do rizoma de lótus demonstrou actividades antioxidantes.	Jiang et al. (2010)
Mangostão (*Garcinia mangostana* L.)	Clusiaceae	a. É um dos frutos tropicais que tem sido amplamente utilizado como medicina tradicional no Sudeste Asiático, com atividade antioxidante. b. A atividade antioxidante da pectina foi moderada em comparação com o ácido ascórbico, o que sugere que a pectina derivada do manosteen indonésio tem uma boa qualidade para ser desenvolvida como biomaterial para aplicação biomédica.	Wathoni et al. (2019)
Manilkara hexandra (Roxb.) Dubard	Sapotáceas	a. A fração do extrato metanólico da folha sucessiva de *M.*	Dutta e Ray (2015) Dutta e Ray (2020)

		hexandra contém os antioxidantes mais potentes do que as outras fracções do extrato, mesmo do extrato metanólico da casca.	
Microsorum pteropus	Polipodiaceae	a. O seu extrato metanólico tem uma elevada atividade antioxidante e pode ser utilizado no desenvolvimento de estratégias terapêuticas contra doenças causadas por stress oxidativo, oxigénio reativo e espécies de azoto.	Chick et al. (2020)
Moringa oleifera L. (MO)	Moringaceae	a. O extrato de MO tem uma potencial capacidade antioxidante e pode ser benéfico para a prevenção e o tratamento do cancro da cabeça e do pescoço.	Wang et al. (2020)
Amora (*Morus* spp.)	Moráceas	a. As cultivares Dongshen, Fengtian e Guisang apresentaram as actividades antioxidantes mais elevadas, pelo que se propôs que estas cultivares	Sangsopha et al. (2019) Krishna et al. (2020) Yao et al. (2020)

		produziriam o óleo de melhor qualidade para utilização como ingrediente para cuidados de saúde ou alimentos funcionais.	
Jasmim noturno (*Cestrum nocturnum*)	Solanáceas	a. Tem atividade antioxidante e as suas folhas têm compostos bioactivos que são responsáveis pela redução e pelo encapsulamento de nitratos de prata em nanopartículas de prata.	Keshari et al. (2020)
Okwe (*Ricinodendrom heudelotii*)	Euphorbiaceae	a. A corilagina, um tanino amorfo, foi isolada e mostrou um potencial antioxidante. b. A corilagina tem um grande número de grupos hidroxilo e pode ser considerada como um potente antioxidante promissor.	Yakubu et al. (2019)
Oldenlandia umbellata	Rubiáceas	a. O extrato metanólico de *Oldenlandia umbellate* pode atuar como um agente hepatoprotector e antioxidante.	Gupta et al. (2007)
Oregãos	Lamiaceae	a. Tem sido	Arami et al. (2013)

(*Origanum vulgare* L.)		tradicionalmente utilizada na indústria alimentar e na culinária como condimento, como planta medicinal tradicional utilizada para um grande número de problemas de saúde devido às suas actividades antioxidantes. b. A maioria dos componentes de *O. vulgare* demonstrou ter uma atividade antioxidante *in vitro* reduzindo a formação de radicais livres e os seus efeitos antioxidantes e citopretectores *in vivo*.	Habibi et al. (2015a,b) Sarikurkcu et al. (2015) Zengin et al. (2019) Torre et al. (2020)
Origanum minutiflorum O. Schwarz & P. h. Davis	Lamiaceae	a. O seu óleo essencial tem atividade antioxidante e pode servir como fonte potencial de agentes escolicidas e anticancerígenos.	Sokmen et al. (2020)
Oudemansiella radicata	Physalacriaceae	a. Tem uma grande atividade antioxidante.	Liu et al. (2021)
Paracress (*Spilanthes oleraceae* ou	Asteraceae	a. O seu extrato tem um papel na melhoria da síndrome da fadiga	Nipate e Tiwari (2020)

Acmella oleraceae)		crónica, atenuando o stress oxidativo, o que pode dever-se às suas propriedades antioxidantes e imunomoduladoras.	
Pêssego (*Prunus persica* (L.) Batsch)	Rosáceas	a. O modelo de regressão PLS confirmou os compostos-chave da polpa de pêssego que contribuem para a atividade antioxidante. b. As procianidinas e a floridzina foram analisadas como compostos marcadores antioxidantes dos pêssegos.	Zhang et al. (2020)
Amendoim (*Arachis hypogaea* L.)	Fabáceas	a. As cascas de amendoim revelaram um potencial antioxidante notável com quantidades elevadas de polifenóis totais, flavonóides e teores de aminoácidos. Poderiam ser uma fonte potencial de antioxidantes naturais e compostos funcionais para várias utilizações industriais, incluindo cosmética.	Wee e Park (2001) Wee et al. (2007) Adhikari et al. (2019)

Peganum harmala L.	Nitrariaceae	a. O seu extrato em butanol demonstrou a maior atividade antioxidante.	Edziri et al. (2010)
Pehun (*Araucária araucana*)	Araucáriaceae	a. É uma árvore pré-histórica adaptada a ambientes hostis, que constitui uma fonte atractiva e de baixo custo de antioxidantes naturais com potenciais aplicações médicas nutracêuticas e de proteção contra a corrosão de metais.	Gallia et al. (2020)
Pimenta (*Capsicum annuum* L.)	Solanáceas	a. A sua atividade antioxidante está significativa e positivamente correlacionada e relacionada com o teor de fenóis e a atividade da superóxido dismutase.	Biswas et al. (2011)
Pistacia lentiscus L.	Anacardiaceae	a. O extrato de folhas maceradas de *P. lentiscus* foi analisado e a sua capacidade antioxidante como eliminador de radicais livres foi confirmada por um método baseado no	Barbouchi et al. (2020) Djebari et al. (2021)

		gerador de radicais hidroxilo in situ.	
Pitomba (*Talisia esculenta* Radlk)	Sapindáceas	a. O extrato etanólico da casca da pitomba apresentou a maior atividade antioxidante e mais compostos bioactivos.	Fraga et al. (2020)
Pleurotus osteratus	Pleurotaceae	a. É um cogumelo comestível e a tecnologia H_2 O + CO_2 -SFE pode ser utilizada para obter extractos ricos em polissacáridos antioxidantes com potencial farmacológico e alimentar.	Barbosa et al. (2020)
Pterocarpus marsupium Roxb.	Fabáceas	a. Observou-se que é uma boa fonte de compostos antioxidantes e de propriedades terapêuticas.	Lee et al. (2016)
Framboesa (*Rubus chingii* Hu)	Rosáceas	a. O bagaço do fruto não maduro de *Rubus Chingii* Hu é um recurso para obter pectina antioxidante. b. A modificação por ultra-sons é eficaz para melhorar a atividade antioxidante da	Chen et al. (2020)

		pectina.	
Retama (*Retama sphaerocarpa*)	Fabáceas	a. Os seus frutos são uma fonte de fitoquímicos valiosos, com aplicações potenciais no domínio fitofarmacêutico e na indústria alimentar.	Boussahel et al. (2018)
Romã (*Punica granatum* L.)	Punicáceas	a. A romã é um alimento popular devido ao seu elevado teor polifenólico e às suas capacidades antioxidantes. A casca da romã é utilizada na medicina tradicional e tem uma grande capacidade em comparação com outras partes da romã.	Gozlekci et al. (2011) Kam et al. (2013)
Beldroegas (*Portulaca oleracea* L.)	Portuláceas	a. A beldroega é uma erva herbácea mais abundante na Índia e na bacia do Mediterrâneo, sendo um componente importante da salada verde e um sumo de vegetais com excelentes caraterísticas antioxidantes. b. A caraterização das propriedades físico-químicas do óleo da semente, da folha e do	Desta et al. (2020)

		caule da beldroega sugere que o teor de óleo mais elevado foi observado na semente utilizando o método de extração com xolvente.	
Rhododendron arboreum L.	Ericaceae	a. É muito utilizada pelas populações tribais do Norte da Índia para cozinhar e para fins curativos tradicionais. b. As actividades antioxidantes, antimutagénicas e de inibição do crescimento das células cancerígenas são as principais actividades da *R. arboreum*.	Gautam et al. (2020)
Rosa Mosqueta (*Rosa* sp.)	Rosáceas	a. Está provado que contém um elevado teor de compostos fenólicos totais com grande atividade antioxidante.	Dolek et al. (2018)
Rtama monosperma (L.) Boiss.	Fabáceas	a. A fração de acetato de etilo das sementes é uma fonte potencial de antioxidante natural para *R. monosperma*.	Belmokhtar e Harche (2014)
Alecrim (*Rosmarinus*	Lamiaceae	a. O óleo essencial *de Rosmarinus*	Pintore et al. (2009) Li et al. (2021)

officinalis L.)		*officinalis* tem atividade antioxidante. O efeito do ácido rosmarínico foi o melhor entre os antioxidantes à base de alecrim.	
Jaca (*Artocarpus heterophyllus*)	Moráceas	a. Os peptídeos antioxidantes foram sequenciados e identificados a partir de sementes de jaca, o que mostra a sua capacidade como agente conservante de alimentos ou como suplementos alimentares.	Calderon-Chiu et al. (2020) Chai et al. (2021)
Salvadora persica	Salvadoráceas	a. As raízes da planta são vulgarmente utilizadas nos países islâmicos, possuindo uma poderosa atividade antioxidante e anticoccidiana.	Dkhil et al. (2019)
Scutellaria (*Scutellaria baicalensis*)	Lamiaceae	a. A baicaleína é a principal flavona da Scutellaria e apresenta um efeito antioxidante consistente.	Wozniak et al. (2015)
Sésamo (*Sesamum indicum* L.)	Pedaliaceae	a. Verificou-se que os compostos fenólicos das sementes de	Ruslan et al. (2018)

		sésamo preto são os que mais contribuem para a atividade antioxidante, utilizando os métodos ABTS e FRAP. b. Tanto as sementes de sésamo branco como as de sésamo preto têm potencial para serem desenvolvidas como fontes de antioxidantes naturais.	
Sorbus domestica L.	Rosáceas	a. É uma boa fonte de antioxidantes, e o outono pode ser ótimo para a colheita do material vegetal.	Rutkowska et al. (2020)
Sorgo (*Sorghum bicolor* L.)	Poaceae	a. O extrato bruto de grãos de sorgo mostrou fortes actividades antioxidantes inibidoras de enzimas.	Dykes et al. (2013) Irondi et al. (2019)
Soja (*Glycine max* (L.) Merr.)	Poaceae	Os alimentos fermentados à base de soja têm uma maior atividade antioxidante e anti-fadiga.	Cui et al. (2020)
Stachys annua L.	Lamiaceae	a. O extrato de metanol e de água de *Stachys annua*	Bursal et al. (2020)

		demonstrou atividade antioxidante.	
Stachys glutinosa L.	Lamiaceae	a. Os seus extractos etanólicos foram descritos pelas suas propriedades antioxidantes.	Leporini et al. (2015)
Colheita de pedra (*Sedum* L.)	Crassuláceas	a. O seu extrato pode ser eficaz para melhorar as defesas anti-hemolíticas dos eritrócitos e o potencial de eliminação de radicais do mecanismo antioxidante.	Sohretoglu et al. (2016)
Morango (*Fragaria ananassa*)	Rosáceas	a. A polpa de morango provou ser uma alternativa eficaz para aumentar as concentrações de compostos bioactivos, reduzindo simultaneamente a quantidade de açúcar utilizada nas formulações tradicionais de ketchup.	Ahouagi et al. (2021)
Cana-de-açúcar (*Saccharum officinarum* L.)	Poaceae	a. Estudos analíticos quantitativos confirmam que o extrato de cana-de-açúcar rico em polifenóis tem uma	Ji et al. (2019)

		elevada concentração de polifenóis e compostos antioxidantes.	
Girassol (*Helianthus annuus* L.)	Asteraceae	a. A casca do girassol é um forte eliminador de radicais e pode ser considerada uma boa fonte de antioxidantes naturais para usos medicinais e comerciais.	Mehdi et al. (2017)
Salgados de verão (*Satureja hortensis*)	Lamiaceae	a. *A S. hortensis* possui uma elevada atividade antioxidante e antiglicante.	Rahimmalek et al. (2020)
Salgados de inverno *(Satureja montana L.)*	Lamiaceae	a. Os seus extractos possuem atividade antioxidante.	Vladic et al. (2014)
Castanha doce (*Castanea sativa*)	Fagaceae	a. Os seus extractos possuem atividade antioxidante.	Almeida et al. (2015)
Batata-doce (*Ipomoea batatas* (L.)	Convolvuláceas	a. As alterações na estrutura conformacional do péptido e na composição de aminoácidos antioxidantes foram reveladas pela análise da relação estrutura-atividade, e o tratamento por micro-ondas com ultra-sons	Habinshuti et al. (2020)

		tem um grande potencial na produção de péptidos antioxidantes.	
Tangerina (*Citrus reticulata*)	Rutáceas	a. Por extração de fluido supercrítico (SFE), foi obtido um extrato antioxidante a partir de cascas de tangerina, que pode ser considerado como uma biomassa aplicável na indústria alimentar.	Franco-Arnedo et al. (2020)
Tansy (*Tanacetum vulgare* L.)	Asteraceae	a. O extrato bruto apresentou efeitos de eliminação do radical DPPH com um valor EC_{50} de 37±1,2 µg/mL. Mostrou uma potente atividade antioxidante do extrato bruto e dos princípios isolados em apoio das utilizações medicinais tradicionais da planta para o tratamento de doenças como a cicatrização de feridas, artrite reumática e outras condições inflamatórias.	Juan-Badaturuge et al. (2009)
Chá (*Camellia sinensis*	Theaceae	a. Foram analisados 56 compostos	Robinson et al. (1997)

(L.) Kuntze)		fenólicos como potenciais antioxidantes no chá preto; o catecol ou pirogalol é a principal subestrutura de antioxidante encontrada no chá preto.	Enko e Gliszczynska-Swiglo (2015) Nibir et al. (2017) Gulua et al. (2018) Chen et al. (2020) Makanjuola et al. (2020) Paiva et al. (2020) Yan et al. (2020)
Tomate (*Solanum lycopersicum*)	Solanáceas	a. O flavonol ruin contribui em grande medida para a capacidade antioxidante do tomate, o que sugere que este flavonoide pode ser um alvo útil para a regulação positiva do tomate, a fim de melhorar o seu estado antioxidante. b. O licopeno, carotenoide derivado do tomate, tem vários efeitos antioxidantes, incluindo uma atividade de eliminação de espécies reactivas de oxigénio, induzindo também enzimas dos sistemas de defesa antioxidante celular através da ativação do sistema de transcrição do elemento de resposta antioxidante. c. O etanol é o	Spencer et al. (2005) Kelkel et al. (2011) Mahieddine et al. (2018) Alenazi et al. (2020) Azabou et al. (2020) Bhat et al. (2020)

		solvente mais adequado para obter subprodutos do tomate com o teor mais elevado de compostos fenólicos com fortes propriedades antioxidantes.	
Açafrão-da-terra (*Coscinium fenestratum* (Goetgh.) Colebr.)	Menispermáceas	a. A atividade antioxidante foi avaliada por métodos espectrofotométricos utilizando o ensaio de poder redutor e os ensaios de DPPH e $ABTS^+$ e mostra que possui uma boa fonte de muitos compostos bioactivos que são utilizados para prevenir doenças relacionadas com o stress oxidativo.	Karthika et al. (2019)
Cúrcuma (*Curcuma longa* Linn)	Zingiberaceae	a. O antioxidante de curcuma apresentou resultados semelhantes aos dos antioxidantes sintéticos, pelo que a adição de antioxidantes naturais ao biodiesel pode aumentar a energia de ativação e melhorar a estabilidade do biodiesel.	Rodrigues et al. (2020)

Varthemia persica DC	Asteraceae	a. É uma planta aromática que cresce em estado selvagem nas regiões centrais do Irão, com uma atividade antioxidante considerável.	Mahboubi (2016)
Uva Veld (*Cissus quadrangularis* L.)	Vitaceae	a. É muito difundida nas regiões tropicais da Índia e possui comportamentos antioxidantes e anticancerígenos marcados nos extractos das partes aéreas dos seus extractos.	Dhanasekaran (2020)
Walsura robusta Roxb.	Meliáceas	a. É uma famosa planta medicinal polivalente, e verificou-se que três glucósidos fenólicos (1, 3 e 4) possuem uma forte atividade antioxidante.	Voravuthikunchai et al. (2010)
Yarrow (*Achillea millefolium* L.)	Asteraceae	a. A fase de floração é sugerida como a melhor fase para a produção de *A. millefolium* com a quantidade e qualidade ideais de óleo essencial, bem como a capacidade antioxidante do extrato.	Vitalini et al. (2011) Farhadi et al. (2020)

Antioxidante e Medicina Tradicional Iraniana

As plantas medicinais são uma fonte de uma grande variedade de antioxidantes naturais. *Allium paradoxum*, *Buxus hyrcana*, *Convolvulus persicus*, *Eryngium caucasicum*, *Heracleum persicum*, *Pimpinella affinis*, *Parrotia persica*, *Primula heterochroma*, *Pyrus boissieriana*, *Ruscus hyrcanus* e *Smilax excelsa* foram recolhidos na região de Hyrcania, Sari, Irão e apresentaram actividades antioxidantes (Dehghan et al., 2016). Norfaizatul et al. (2010) relataram a citotoxicidade e os potenciais neuroprotectores de *Chlorella vulgaris*, *Momordica charantia* e *Piper betle*; e mostraram que os extractos de plantas com a maior atividade de eliminação de radicais livres apresentaram efeitos neuroprotectores a baixas concentrações, mas foram citotóxicos a concentrações mais elevadas. As folhas de *Lavandula officinalis* e de *Melissa officinalis* são ricas em antioxidantes naturais na região de Hamadan, no oeste do Irão (Bouayed et al., 2007). Gohari et al. (2011) verificaram que *a Salvia macrosiphon*, a *Pimpinella tragioides* e *a Salvia limbata* apresentavam um nível elevado de actividades antioxidantes. Concluíram também que a atividade antioxidante destas espécies experimentais pode dever-se à presença de flavonóides, ácido rosmarínico, cumarinas e até monoterpenos como o mirceno nos extractos das plantas. As plantas Lamiaceae que crescem no Irão representam boas fontes potenciais de antioxidantes naturais úteis tanto para a prevenção como para o tratamento de doenças relacionadas com o stress oxidativo (Firuzi et al., 2010). Khalighi-Sigaroodi et al. (2012) referiram que *a Datura stramonium* tinha a maior atividade citotóxica e *a Solanum dulcamara* a maior atividade antioxidante. Verificou-se que as amêndoas selvagens têm níveis mais elevados de compostos fenólicos e actividades antioxidantes do que os da amêndoa doméstica no Irão (Hosseinzadeh et al., 2019). Após uma experiência no Irão, observou-se que *Lycium depressum*, *Berula angustifolia* e *Tragopogon longirostris* eram fontes valiosas de antioxidantes naturais, tanto para a preparação de extractos brutos como para posterior isolamento e purificação de componentes antioxidantes (Tabaraki et al., 2013). Safari et al. (2018) relataram que Fumaria officinalis, Rosa Damascene, Stachys Iavandulifolia e Salvia hydrangea têm alta potência de eliminação de radicais livres e inibição da glicação, e houve uma correlação significativa entre a atividade antioxidante e anti-glicação. As principais plantas comestíveis selvagens iranianas tradicionais cultivadas no oeste do Irão com propriedades antioxidantes são *Allium jesdianum*, *Nasturtium officinalis*, *Eremurus spectabilis*, *Tragopogon graminifolium* e *Falcaria vulgaris* (Falahi et al., 2019). Rezaeian et al. (2015) relataram que, entre as plantas medicinais mais importantes no nordeste do Irão, *Berberis integerrima* exibiu a maior atividade de inibição do DPPH, seguida por *Mentha piperita* e *Berberis vulgaris*, enquanto *Salvia officinalis* e *Foeniculum vulgare* foram considerados eliminadores de DPPH menos eficazes. *A Artemisia sieberi* e *o Thymus kotschyanus* fazem parte da medicina tradicional iraniana em Rayen, na província de Kerman, no Irão, e contêm uma elevada atividade antioxidante, que se deve à elevada concentração de componentes do biossol, carvacrol e m-cimeno (Boroomand et al., 2018). *Lappula barbata*, *Onosma bulbotrichum*, *Rochelia persica*, *Nonea cospica*, *Anchusa arvensis*, *Onosma microcarpum*, *Onosma sericeum* e

Trichodesma incanum são as espécies mais comuns de *Boraginaceae* no Irão com potentes atividades antioxidantes que podem justificar a aplicação etnoterapêutica destas plantas pelos curandeiros tradicionais (Gharib e Godarzee, 2016). Os pântanos podem ser utilizados para a descoberta de compostos naturais novos e biologicamente activos, tais como *Athyrium filix-femina* e *Pteris cretica* demonstraram uma atividade citotóxica significativa (com LC_{50} de 6,1 e 15,5 µg/ml, respetivamente); *Polystichum aculeatum* que contém metanol e que se verificou ter propriedades antioxidantes significativas com IC_{50} valor de 0,45 ± 0,02 µg/ml (Valizadeh et al., 2015). Cao et al. (2015) indicaram que as actividades antioxidantes dos extractos de flavonóides destes fetos mostraram uma relação óbvia com o seu conteúdo total de flavonóides. As plantas medicinais tradicionais com actividades antioxidantes no Irão são apresentadas no Quadro 4.

Quadro 4- Plantas medicinais tradicionais com actividades antioxidantes no Irão.

Planta	Família de plantas	Pontos-chave	Referência
Achillea pachycephala Rech. F.	Asteraceae	a. Tem uma elevada capacidade antioxidante, e o extrato pode ser utilizado como antioxidante natural na indústria alimentar e farmacêutica.	Gharibi et al. (2013)
Alium latifolium Gilib.	Liliaceae	a. É uma planta nativa cultivada nas regiões frias do Irão. b. A atividade antioxidante do extrato desta planta, exibiu uma notável inibição dependente da dose da atividade DPPH, com uma inibição de 50% (IC_{50}) a uma concentração de 0,145 mg/ml.	Kaskoos et al. (2009)

Anethum graveolens L. (Endro)	Apiaceae	a. É tradicionalmente utilizado no Irão há muitos anos e contém um bom teor de antioxidantes.	Hosseinzadeh et al. (2002) Kaur e Arora (2009) Monsefi et al. (2006)
Artemísia (*Artemisia haussknechtii* Boiss)	Asteraceae	a. Foi relatada uma boa atividade antioxidante do extrato desta importante planta.	Khanahmadi e Rezazadeh (2010)
Frutos de bérberis (*Berberis integerima* F.)	Berberidaceae	a. Possui elevadas actividades fitoquímicas e antioxidantes, tem o potencial de suprimir a hiperglicemia, a hiperlipidemia e a peroxidação lipídica.	Bayani et al. (2016)
Borragem (*Borago officinalis* L.)	Boragináceas	a. A borragem é uma planta herbácea anual que demonstrou um potencial de tolerância ao sal devido ao aumento das actividades das enzimas antioxidantes e do teor de solutos compatíveis.	Naghdi Badi et al. (2009)
Calêndula ou calêndula (*Calendula officianilis* L.)	Asteraceae	a. Cresce na maior parte do Irão, especialmente na parte ocidental do país. A sua	Baskaran (2017) Zaferanchi et al. (2019)

		importância farmacológica deve-se ao facto de ser antioxidante.	
Camomila (*Matricaria chamomilla* L.)	Asteraceae	a. O óleo essencial de camomila, enquanto antioxidante natural e agente antimicrobiano, pode aumentar o prazo de validade dos produtos alimentares e, devido à ausência de agentes sintéticos, é seguro e não tem efeitos secundários na saúde humana.	McKay et al. (2006) Khaki et al. (2012) Pereira et al. (2018)
Chicória (*Cichorium intybus*)	Asteraceae	a. Tem grandes componentes antioxidantes.	Norbaek et al. (2002) Heibatollah et al. (2008)
Coltsfoot (*Tussilago farfara* L.)	Asteraceae	a. Foi registada uma correlação positiva entre o conteúdo fenólico total e a atividade antioxidante.	Norani et al. (2019)
Coentros (*Coriandrum sativum*)	Apiáceas	a. Os extractos de acetato de etilo das sementes e das folhas têm as quantidades mais elevadas de compostos fenólicos e a mais forte atividade de eliminação de	Wangensteen et al. (2004) Emamghoreishi et al. (2005) Sreelatha et al. (2009) Zoubiri e Baalioumaer (2010)

		radicais. b. Os extractos das folhas são também antioxidantes eficazes, tal como os das sementes.	
Cominho (*Cuminum cyminum*)	Apiáceas	a. É utilizada na medicina popular iraniana há mais de 300 anos. É uma boa fonte de antioxidantes e amplamente utilizada como medicina tradicional iraniana para o tratamento de dores de dentes, diarreia e epilepsia.	Dhandapani et al. (2002) Derakhshan et al. (2008) Oroojalian et al. (2010)
Echium amoenum	Boragináceas	a. A decocção de *E. amoenum* tem um potencial muito bom para melhorar o estado antioxidante humano e prevenir o stress oxidativo normal que acontece diariamente devido à exposição normal a muitos químicos e condições causais.	Ranjbar et al. (2006)
Ferulago (*Ferulago angulata*)	Apiáceas	a. Cresce na maior parte do Irão, especialmente no oeste do Irão, com uma boa atividade antioxidante.	Khanahmadi e Rezazadeh (2010)

Chá verde (*Camellia sinensis* (L.) Kuntze)	Theaceae	a. O chá verde iraniano tem níveis elevados de fenóis totais, flavonóides, taninos, bem como de atividade antioxidante.	Samadi e Raouf Fard (2020)
Espinheiro-alvar (*Crataegus elbursensis*)	Rosáceas	a. O extrato da polpa e da semente tem fortes actividades antioxidantes e antibacterianas, o que está relacionado com o seu elevado nível de polifenóis.	Salmanian et al. (2014)
Hymenocrater longiflorus Benth.	Lamiaceae	a. Foram identificados 87 compostos voláteis do óleo essencial de *H. longiflorus* com grande atividade antioxidante.	Ahmadi et al. (2010)
Hypericum scabrum L.	Hipericáceas	a. Encontra-se no noroeste do Irão, e os extractos de hexano de diferentes partes possuem uma atividade antioxidante considerável.	Shafaghat (2011)
Hyssopus officinalis L.	Lamiaceae	a. O seu extrato poderia constituir uma alternativa natural adequada aos antioxidantes	Soleimani et al. (2011)

		sintéticos.	
Jujuba (*Ziziphus jujuba*)	Rhamnaceae	a. Tem uma longa história de utilização como remédio na medicina tradicional iraniana e *a Ziziphys jujuba* do Irão pode ser utilizada como fonte acessível de antioxidantes naturais.	Azizi e Pirbodaghi (2016)
Lallemantia royleana	Lamiaceae	a. As suas sementes são utilizadas na medicina tradicional persa há muitos anos. Parece que os constituintes fenólicos das sementes são responsáveis por uma parte da atividade antioxidante.	Bozorgi e Vazirian (2016)
Marrubium anisodon K. Koch	Lamiaceae	a. Tem uma grande atividade antioxidante e anti-inflamatória.	Bursal et al. (2018) Mohammadi et al. (2019)
Matricaria recutita	Asteraceae	a. O seu óleo essencial apresenta uma forte atividade antioxidante.	Farhoudi e Lee (2017)
Cardo mariano Peludo (*Silybum marianum* L.)	Asteraceae	a. O extrato de sementes de *Silybum marianum* L. (silimarina) pode ter	Khalili et al. (2010) Fallah Huseini et al. (2009)

		efeitos benéficos na prevenção do desenvolvimento de cataratas, bem como nos sistemas de defesa antioxidantes, como o aumento do glutatião do cristalino (GSH) e a diminuição dos níveis de peróxidos lipídicos (LPO).	
Hortelã (*Melissa officinalis* L.)	Lamiaceae	a. Cresce nas regiões norte, noroeste e oeste do Irão, com boas actividades antioxidantes.	Sadraei et al. (2003) Lara et al. (2011) Saeb e Gholamrezaee (2012)
Nepeta ispahanica Boiss.	Lamiaceae	a. O seu óleo e o seu extrato contêm atividade antioxidante.	Farag et al. (1989)
Ocimum sanctum Linn.	Lamiaceae	a. O seu nível natural de antioxidantes indica que pode ser utilizado eficazmente na conservação de alimentos.	Fadila et al. (2019)
Ocimum basilicum L.	Lamiaceae	a. O seu nível natural de antioxidantes indica que pode ser utilizado eficazmente na conservação de alimentos.	Javanmardi et al. (2003) Fadila et al. (2019)

Onosma dichroanthum Boiss.	Boragináceas	a. É chamada Hava Chobeh no norte do Irão, que possui actividades antibacterianas e antioxidantes contra os radicais livres produzidos em diferentes condições.	Zarghami Moghaddam et al. (2012)
Palma (*Phoenix dactylifera*)	Arecaceae	a. As tâmaras iranianas têm um grande potencial como ingredientes alimentares funcionais antioxidantes.	Biglari et al. (2008)
Poejo (*Mentha pulegium* L.)	Lamiaceae	a. O poejo iraniano tem sido utilizado na medicina tradicional iraniana com grandes actividades antioxidantes.	Kamkar et al. (2010) Mahboubi e Ghazaian Bidgoli (2010)
Pistacia khinjuk	Anacardiaceae	a. *A P. khinjuk* é uma das três espécies de *Pistacia* que crescem no Irão. Devido às suas elevadas actividades antioxidantes, o seu extrato pode melhorar o processo de cicatrização de danos no tendão de Aquiles em coelhos.	Fazel e Moslemi (2017)
Pistacia atlantica Desf.	Anacardiaceae	a. O seu extrato tem um efeito adequado	Fakour et al. (2017)

		na cicatrização de feridas e pode ser utilizado como um antioxidante natural.	
Romã iraniana (*Punica granatum* L.)	Punicáceas	a. É originária do Irão e tradicionalmente utilizada para hemorragias e diarreia. b. Os extractos obtidos a partir de sementes de romã utilizando vários solventes exibiram vários graus de actividades antioxidantes, tendo-se também verificado que a cv. *de casca branca azeda* tem a atividade antioxidante mais potente. c. Os polifenóis são indicadores úteis para diferenciar as localidades geográficas da casca da romã e para prever as suas actividades antioxidantes.	Mousavinejad et al. (2009) Sadeghi et al. (2009) Tehranifar et al. (2010) Kam et al. (2013)
Rosa (*Rosa hemisphaerica* Herrm.)	Rosáceas	a. O seu extrato exibiu atividade antioxidante e os extractos foram	Kashani et al. (2010)

		tóxicos para as células Hela, bem como para os linfócitos humanos. Assim, o seu extrato pode ser explorado como um antioxidante natural e um agente de promoção da saúde.	
Alecrim (*Rosmarinus officinalis)*	Lamiaceae	a. O seu óleo essencial apresenta uma elevada atividade antioxidante. b. O 1,8-cineol, a cânfora e o α-pineno são os principais constituintes do óleo essencial.	Bajalan et al. (2017)
Zira Negra (*Bunium persicum* Boiss.)	Apiáceas	a. É uma importante planta aromática perene que cresce naturalmente no Irão e que contém antioxidantes naturais.	Mazidi et al. (2012)
Salvia Reuterana	Lamiaceae	a. Tem sido utilizada na medicina tradicional iraniana, distribuída principalmente nas terras altas do centro do Irão, e possui propriedades antioxidantes que podem ser utilizadas	Jafari et al. (2015)

		como alternativa para o tratamento de várias doenças.	
Satureja bachtiarica Bunge	Lamiaceae	a. *A Satureja bachtiarica* Bunge, uma espécie endémica com uma distribuição relativamente ampla, é tradicionalmente utilizada como planta medicinal e de especiarias no Irão. O extrato metanólico de plantas silvestres apresentou níveis elevados de actividades antioxidantes.	Salehi-Arjmand et al. (2014)
Satureja Khuzestanica	Lamiaceae	a. Os estudos humanos e animais da Satureja Khuzestanica mostraram um potencial antioxidante significativo da planta e a sua eficácia na melhoria da infertilidade. Foi observada uma melhoria da fertilidade pelo seu extrato em ratos, o que se deve aos efeitos antioxidantes.	Safarnavadeh e Rastegarpanah (2011)
Smyrnium	Umbelíferas	a. É nativa do Irão,	Khanahmadi e

cordifolium		especialmente na parte ocidental do Irão, e o extrato desta planta mostrou uma elevada atividade antioxidante.	Rezazadeh (2010)
Chá (*Camellia sinensis*)	Theaceae	a. É uma bebida bem conhecida e consumida com frequência em todo o mundo devido às suas elevadas propriedades antioxidantes.	Azadi Gonbad et al. (2015)
Timo (*Thymus daenensis* L.)	Lamiaceae	a. É uma erva antiga utilizada na medicina pelos gregos, egípcios e romanos. Os óleos essenciais de vários tipos de timo que contêm uma quantidade elevada de timol e carvacrol foram considerados como tendo a maior atividade antioxidante. b. *T. daenensis-3*, *T. vulgaris* e *T. fedtschenkoi-3* têm uma elevada atividade antioxidante.	Gourama e Bullerman (1995) Thompson et al. (1998) Alavi et al. (2010) Asbaghian et al. (2011) Tohidi et al. (2017)
Zhumerica majdae Rech.f. & Wendelbo	Lamiaceae	a. Tem uma área geográfica limitada na região sul do Irão,	Moein e Moein (2010)

	com atividade antioxidante.

Antioxidante e Medicina Tradicional Chinesa

A ocorrência de doenças está associada a um excesso de radicais; além disso, a oxidação de biomacromoléculas durante a transformação, o transporte e até o armazenamento dos alimentos está envolvida na deterioração da qualidade dos alimentos, o que indica o papel crítico dos antioxidantes na eliminação dos radicais livres e no retardamento da deterioração induzida pela oxidação. As especiarias chinesas são ricas em compostos anti-oxidantes activos e sabor, o que as torna boas alternativas aos aditivos alimentares tradicionais; além disso, esta capacidade é influenciada pelo conteúdo de compostos fenólicos, flavonóides e outros compostos (Gong et al., 2018; Chen e Chung, 2019). As plantas medicinais tradicionais chinesas associadas ao anticancerígeno podem ser fontes potenciais de potentes antioxidantes naturais e agentes quimiopreventivos benéficos, tais como *Zingiber officinale* Rosc, *Vitex trifolia* L., *Foeniculum vulgare* Mill., *Camellia sinensis* (L.) Kuntze, *Lycium barbarum* L., *Solanum nigrum* L., *Citrus aurantium* L., *Rubia cordifolia* L., *Roisa chinensis* Jacq., *Coptis chinensis* Franch, *Clematis chinensis* Osbeck, *Punica granatum* L., *Portulaca oleraceae* L., *Polygonum orientale* L., *Rheum officinale* Baill., *Plantago asiatica* L., *Polygala tenuifolia* Willd., *Dendrobium nobile* Lindl., *Morus alba* L., *Schisandra chinensis* (Turcz.) Baill., *Istais indigotica* Fort., *Cuscuta chinensis* Lam., *Inula Britannica* L., *Eclipta prostrata* L., *Chrysanthemum indicum* L., *Carthamus tinctorius* L., *Artemisia argyi* Levl. Et Vant., *Artemisia capillaries* Thunb., *Artemisia annua* L., *Lonicera japonica* Thunb., *Dianthus superbus* L., *Rhus chinensis* Mill. e *Lobelia chinensis* Lour. (Cai et al., 2004). Os compostos fenólicos contribuem tanto para as actividades antioxidantes como para os efeitos inibitórios contra a oxidação do LDL, pelo que as ervas medicinais chinesas identificadas com maiores impactos inibitórios podem ser consideradas como potentes agentes fitoquímicos no tratamento terapêutico de várias doenças (Ravipati et al., 2012; Lin et al., 2015). Chan et al. (2008) relataram que, entre as plantas medicinais tradicionais chinesas, *Radix Sanguisorbae*, *Cortex cinnamomi*, *Herba taxilli*, *Semen arecae*, *Cinnamomum cassia*, *Taxillus sutchuenensis*, *Areca catechu* e *Scutellaria baicalensis* contêm valores relativamente elevados de poder antioxidante e conteúdo fenólico total. Os valores elevados do teor de fenóis totais, do teor de flavonoides totais e das capacidades antioxidantes foram registados em *Averrhoa carambola*, *Dimocarpus longgana* Lour, *Litchi chinensis* Sonn, *Mangifera indica* e *Psidium guajava* Linn, o que implicou a importância destas folhas como fontes naturais de antioxidantes para a preparação de ingredientes alimentares funcionais e para a prevenção de doenças de stress oxidativo (Chen et al., 2017). Zhu et al. (2016) relataram que o chá preto aumentou a capacidade antioxidante do pão chinês cozido no vapor, e a qualidade alimentar do pão chinês cozido no vapor não foi influenciada pela adição de chá. Cai et al. (2019) descobriram que os compostos polifenólicos eram responsáveis principalmente pela atividade antioxidante ou pelo vinho de arroz. Zhang et al. (2015) concluíram que os óleos essenciais de *Flos Lonicerae* são fontes naturais antioxidantes valiosas. Jang et al. (2007) referiram que a canela, a curcuma e o fio de ouro são ricos em cinamaldeído, curcumina e berbeína, respetivamente, com boas actividades antioxidantes. Foi referido que as plantas medicinais chinesas *Rhodiola sacra* Fu, o caule de *Polygonum multiflorum* Thunb. e a raiz de *P. multiflorum* Thunb. possuíam uma elevada atividade antioxidante, podendo ser potenciais fontes ricas de antioxidantes naturais (Wong et al., 2006). Song et al. (2010) concluíram que *Dioscorea bulbifera*, *Eriobotrya japonica*, *Tussilago farfara* e *Ephedra sinica* poderiam ser potenciais fontes ricas de antioxidantes naturais. Liao et al. (2008) concluíram que a capacidade antioxidante parece estar correlacionada com os sabores das ervas identificadas no sistema de classificação formal da medicina tradicional chinesa e que as plantas mais importantes da MTC com elevadas actividades antioxidantes são a videira *Spatholobus suberectus*, a raiz de *Sanguisorba officinalis*, a erva *Agrimonia pilosa*, a erva *Artemisia anomala*, a raiz de *Salvia miltiorrhiza* e a folha de *Nelembo nucifera*. As plantas medicinais tradicionais importantes com actividades antioxidantes na China são apresentadas no Quadro 5.

Quadro 5- Plantas medicinais tradicionais importantes com actividades antioxidantes na China.

Planta	Família de plantas	Pontos-chave	Referência
Achyranthes bidentata Blume	Amaranthaceae	a. É uma das plantas medicinais mais importantes da província de Henan, na China, que possui uma grande atividade antioxidante.	Wang et al. (2015)
Aronia (*Aronia melanocarpa*)	Rosáceas	a. Os seus frutos são ricos em substâncias fenólicas, principalmente antocianinas. b. As antocianinas, como pigmentos vegetais solúveis em água com forte atividade antioxidante, têm sido utilizadas nas indústrias alimentar e médica.	Meng et al. (2019)

Espargos (*Asparagus officinalis* L.)	Asparagaceae	a. É sobretudo uma fonte rica em flavonóides, incluindo a rutina e a quercetina. É também uma fonte rica em compostos antioxidantes.	Zhang et al. (2018) Zhang et al. (2019)
Espargo racemoso L.	Asparagaceae	a. O extrato etanólico da sua raiz é uma fonte de antioxidantes naturais.	Karuna et al. (2018)
Bindii (*Tribulus terrestris* L.)	Zygophyllaceae	a. A sua fração de *flavonóides* apresentou atividade antioxidante, o que introduz a fração de *flavonóides* das folhas de *Tribulus terrestris* L. como um medicamento natural e saudável à base de plantas.	Hammoda et al. (2013) Tian et al. (2019)
Mirtilos (*Vaccinium* spp.)	Ericaceae	a. As suas folhas são ricas em fenólicos, e as folhas de mirtilo podem ser uma fonte potencial de fenólicos antioxidantes.	Wu et al. (2019)
Camélia (*Camellia oleifera* Abel.)	Theaceae	a. É uma planta oleaginosa lenhosa típica e notável da China, que exerce muitas actividades	Feas et al. (2013) Feng et al. (2014) Li et al. (2014) Li et al. (2020)

		biológicas, tais como propriedades antioxidantes. b. Uma nova glicoproteína, COG2, indicou uma atividade antioxidante *in vivo*, aumentando significativamente as actividades das enzimas antioxidantes e reduzindo o conteúdo de produtos tóxicos oxidativos, protegendo assim o organismo dos danos oxidativos.	
Louro chinês (*Myrica rubra* Sieb. Et Zucc.)	Myricaceae	a. A proantocianidina das folhas de louro chinês (BLPs) mostrou potentes capacidades químicas, antioxidantes celulares e antiproliferativas, que podem ser consideradas como um recurso valioso de compostos bioactivos para promover a saúde dos consumidores. b. A atividade antioxidante estava estreitamente associada ao teor de	Huang et al. (2014) Chen et al. (2016) Zhang et al. (2016)

		fenólicos e flavonóides.	
Melão amargo chinês (*Momordica charantia* L.)	Cucurbitáceas	a. Possui propriedades antioxidantes e antidiabéticas.	Wang et al. (2019)
Couve chinesa (*Brassica rapa* L.)	Brassicaceae	a. A couve chinesa contém muitos compostos vegetais antioxidantes. b. A folha exterior da couve chinesa apresenta os níveis mais elevados de capacidade antioxidante e de polifenólicos.	Samec et al. (2011) Seong et al. (2016) Abbey et al. (2017) Wu et al. (2018) Dai et al. (2019) Shawon et al. (2020)
Cereja chinesa (*Prunus pseudocerasus* Lindl.)	Rosáceas	a. As sementes de cereja são boas fontes de péptidos antioxidantes.	Guo et al. (2015)
Castanha da China (*Castanea mollissima* Blume)	Fagaceae	a. É originário do Norte da China, que contém péptidos antioxidantes. b. Os péptidos têm uma boa atividade antioxidante após a síntese e a digestão simulada.	Feng et al. (2018)
Cebolinho chinês (*Allium tuberosum* Rottler ex Spreng)	Amaryllidaceae	a. É uma erva culinária popular na Ásia que é uma boa fonte de	Jia et al. (20170

		componentes antioxidantes.	
Espinheiro chinês (*Crataegus pinnatifida*)	Rosáceas	a. Os fenólicos e os flavonóides são os principais componentes antioxidantes das fracções de digestão *de C. pinnatifida.* b. A elevada atividade antioxidante deve-se à interação entre os fitoquímicos.	Wen et al. (2015) Zheng et al. (2018)
Nogueira chinesa (*Carya cathayensis* Sarg.)	Juglandaceae	a. É uma noz comum e nutritiva. Os seus ésteres metílicos de quercetina e de ácido protocatecuico apresentam actividades antioxidantes pronunciadas.	Xiang et al. (2016)
Alho francês (*Allium tuberosum* Rottler)	Amaryllidaceae	a. Um novo péptido antioxidante (CLP-2) foi isolado de sementes de alho francês chinês.	Hong et al. (2014)
Pummelo local chinês (*Citrus grandis* Osbeck.)	Rutáceas	a. A maior parte dos pummelos locais chineses eram ricos em flavonóides e apresentavam uma elevada capacidade antioxidante. Foi observada uma	Xi et al. (2014) Zefang et al. (2016)

		variação notável nos teores de flaconóides e na capacidade antioxidante.	
Jujuba chinesa (*Zizyphus jujube* Miller)	Rhamnaceae	a. As capacidades antioxidantes dos extractos de jujuba chinesa demonstraram uma boa relação positiva com alguns ácidos fenólicos.	Li et al. (2005) Gao et al. (2011) Zhang et al. (2010) Zhao et al. (2014)
Azeitona chinesa (*Canarium album* L.)	Burseraceae	a. A azeitona chinesa é servida como um fruto e uma erva tradicional na China com fitoquímicos antioxidantes. b. A azeitona chinesa poderia ser um candidato natural para estudos de complementos alimentares para tratamentos da diabetes devido às suas actividades antioxidantes e antiglicação.	Kuo et al. (2015) Zhang et al. (2019)
Romã chinesa (*Punica granatum* L.)	Pubiaceae	a. É uma boa fonte de antioxidantes, e a correlação entre as composições fenólicas e as capacidades antioxidantes foi significativa.	Jing et al. (2012) Li et al. (2015)

		b. Os factores ambientais têm um impacto significativo nas composições fenólicas e na capacidade antioxidante. c. A interação entre o tipo e o ambiente influenciou a composição fenólica e a capacidade antioxidante.	
Chá de rosas chinês (*Rosa chinensis*)	Rosáceas	a. Tem valores de propriedades antioxidantes mais elevados do que os chás verdes. O seu teor de fenólicos totais foi altamente correlacionado positivamente com as capacidades antioxidantes.	Jin et al. (2016)
Desenho animado chinês (*Toona sinensis* L.)	Meliáceas	a. O toon chinês é uma planta lenhosa cujos rebentos são um vegetal sazonal, e o teor mais elevado dos principais nutrientes foi encontrado nos rebentos do toon chinês. b. Os fenóis totais mostraram uma correlação mais óbvia com a atividade	Cheng et al. (2009) Jiang et al. (2019) Xu et al. (2020)

		antioxidante; o ácido gálico e o seu derivado desempenharam o papel principal na elevada atividade antioxidante.	
Melancia chinesa (*Citrullus lanatus*)	Cucurbitáceas	a. Contém polissacáridos que inibem a atividade antioxidante. b. A HPLC e a TLC revelaram que os polissacáridos da melancia chinesa eram constituídos por seis monossacáridos, nomeadamente glucose, galactose, manose, xilose, arabinose e ramnose.	Liu et al. (2018)
Chá preto chinês keemun (*Camellia sinensis* var. *sinensis*)	Theaceae	a. O chá preto chinês keemum apresenta um elevado teor de flavonóides e atividade química antioxidante.	Zhang et al. (2019)
Trepadeira chinesa (*Polygonum Chinense* L.)	Polygonaceae	a. As suas variedades são utilizadas na cozinha chinesa de chá frio sem qualquer quantificação eficaz. b. O seu extrato em metanol apresentou actividades antioxidantes.	Wu et al. (2020)

Marmelo chinês (*Chaenomeles sinensis*)	Rosáceas	a. Os polissacáridos das sementes de marmelo chinês apresentaram fortes actividades antioxidantes. b. Os frutos do marmelo chinês têm uma abundância de lenhinas com actividades antioxidantes. c. A lenhina dos frutos de marmelo chinês tem uma aplicação potencial como antioxidante natural na indústria alimentar.	Wang et al. (2017) Cheng et al. (2020) Qin et al. (2020)
Ruibarbo chinês (*Rheum officinale* Baill.)	Polygonaceae	a. É uma planta importante na medicina tradicional chinesa à base de plantas. b. Tem um elevado teor de fenólicos e flavonóides totais e apresenta a atividade mais forte de inibição da agregação β-amiloide. c. Parece ter um poder antioxidante redutor férrico prometedor.	Li et al. (2017)
Sumagre chinês (*Rhus typhina* L.)	Anacardiaceae	a. É uma nova fonte de agentes antioxidantes	Kossah et al. (2011)

		naturais para as indústrias alimentar e farmacêutica.	
Bagas de lobo chinesas (*Lycium chinense*)	Solancias	a. A wolfberry chinesa é um dos frutos mais ricos em antioxidantes, e os seus antioxidantes podem ter efeitos anti-envelhecimento e de combate ao cancro. b. Os polissacáridos do fruto do bagaço do lobo apresentaram efeitos antioxidantes e antiproliferativos dependentes da dose.	He et al. (2012) Zhou et al. (2020)
Dendrobium (*Dendrobium officinale* Kimura et Migo)	Orquidáceas	a. É uma erva medicinal tradicional utilizada na China com boas actividades antioxidantes.	Kim et al. (2020)
Árvore de baquetas (*Moringa oleifera* Lam.)	Moringaceae	a. É uma planta lenhosa perene nativa das regiões tropicais, subtropicais meridionais, áridas e semi-áridas, que tem a capacidade de proteger as células do fígado de Chang dos danos causados pelo stress oxidativo e pode ser considerada como um potencial antioxidante ou	Liang et al. (2020)

		agente citoprotector dos danos oxidativos.	
Emblic (groselha indiana) (*Phyllanthus emblica* L.)	Phyllanthaceae	a. O extrato metanólico do fruto da emblica de algumas regiões selecionadas apresentou fortes actividades antioxidantes.	Liu et al. (2008)
Espécies de *Ficus* (*Ficus benjamina*)	Moráceas	a. As folhas jovens das espécies de Ficus contêm uma quantidade considerável de fenólicos e flavonóides. b. Os extractos das folhas jovens apresentam uma excelente capacidade antioxidante *in vitro*.	Shi et al. (2011)
Gengibre (*Zingiber officinale* Rosc.)	Zingiberaceae	a. O componente pungente mais abundante do gengibre é o 6-gingerol e afirma-se que contém atividade antioxidante.	An et al. (2016) Ibtisham et al. (2019)
Ginkgo (*Ginkgo biloba* L.)	Ginkgoaceae	a. As propriedades antioxidantes do Ginkgo estão principalmente relacionadas com os constituintes polifenólicos, que	Ellnain (1997) Ellnain et al. (2003) Lena et al. (2003) Rababah et al. (2004) Kaur et al. (2012)

		incluem flavonóides (quercetina, kaempferol, apigenina, luteolina e os seus glicosídeos), biflavonóides (bilobetina, ginkgetina, isoginkgetina), proantocianidinas, catequinas e ácidos fenólicos.	
Baga de goji (*Lycium barbarum* L.)	Solanáceas	a. As bagas de goji da Ningxia são uma excelente fonte de antioxidantes para a nutrição humana.	Zhang et al. (2016)
Uva (*Vitis vinifera* L.)	Vitaceae	a. Os fenólicos livres foram predominantes nas películas e polpas das uvas, e mostraram as actividades antioxidantes mais elevadas do que as ligadas.	Li et al. (2019)
Houttuynia cordata Thunb.	Saururaceae	a. Uma planta medicinal à base de plantas que se encontra amplamente distribuída na zona sudeste da Ásia. b. Um polissacárido solúvel em água (HCP) é um dos principais ingredientes activos	Tian et al. (2011)

		responsáveis pelos efeitos antioxidantes da *H. cordata*.	
Iris lacteal Pall.	Iridáceas	a. *Iris lacteal* Pall. var. Chinensis (Fisch.) Koidz. É uma planta herbácea perene amplamente distribuída na China; e o óleo essencial de íris é composto principalmente por ácido mirístico, ácido palmítico, ácido linoleico, ácido linolénico, ácido esteárico, ácido oleico, ácido araquídico com grandes actividades antioxidantes.	Deng et al. (2008) Deng et al. (2009) Luan et al. (2020)
Espinho de Jerusalém (*Parkinsonia aculeate* L.)	Fabáceas	a. A fração de acetato de etilo de P. aculeate L. apresentou actividades antioxidantes e citotóxicas in vitro significativas em comparação com outras fracções testadas.	Sharma et al. (2014) Abdelaziz et al. (2020)
Óleo de semente de kiwis (KSO) (*Actinidia deliciosa*)	Actinidiaceae	a. A semente de kiwi tem uma elevada atividade antioxidante; pode proteger os linfócitos dos ratos contra os	Deng et al. (2018)

		danos oxidativos do ADN. b. É uma boa fonte para o desenvolvimento do óleo vegetal de alta qualidade.	
Raiz de alcaçuz (*Radix Glycyrrhizae*)	Fabáceas	a. Um famoso medicamento chinês à base de plantas que pode proteger eficazmente contra os danos no ADN induzidos pela hidroxila. A sua capacidade antioxidante pode ser atribuída principalmente aos flavonóides ou aos fenólicos totais.	Li et al. (2013)
Lithospermum erythrorhizon	Boragináceas	a. Tem uma grande atividade antioxidante e pode ser considerado como uma fonte rica e promissora de antioxidantes naturais.	Han et al. (2008)
Lótus plumule (*Plumula Nelumbinis*)	Nymphaeaceae	a. É uma erva chinesa com uma boa atividade antioxidante; foi relatada uma correlação positiva entre o teor de alcalóides totais e a	Tian et al. (2018)

		atividade antioxidante.	
Amora (*Morus alba* L.)	Moráceas	a. É uma cultura industrial tradicional, e os polifenóis presentes nos extractos de folhas de amoreira foram relacionados com as suas actividades antioxidantes. b. Revela correlações positivas entre as actividades antioxidantes e as actividades enzimáticas antioxidantes ou o componente não enzimático.	Chen et al. (2016) Zhang et al. (2018) Xu et al. (2020)
Peónia de nove árvores (*Paeonia secção Moutan* DC.)	Paeoniaceae	a. As sementes da peónia arbórea são ricas em compostos fenólicos, que estão associados a uma atividade antioxidante. b. O flavonoide é o composto antioxidante mais eficaz nas sementes de peónia arbórea.	Zhang et al. (2017)
Perilla frutesces (L.) Britt.	Lamiaceae	a. É uma importante erva anual da família da hortelã, nativa do Leste da Ásia, e o seu óleo tem atividade	Tian et al. (2014)

		antioxidante.	
Ottelia acuminata	Hidrocharitaceae	a. É uma planta aquática comestível e medicinal endémica do sudoeste da China. b. Os fenólicos de O. acuminata mostraram uma forte atividade antioxidante e os seus fenólicos mostraram uma inibição mais forte da α-glucosidase da levedura do que a acarbose de uma forma não competitiva.	Lu et al. (2019)
Prunus mume	Rosáceas	a. As suas flores são utilizadas como materiais tradicionais comestíveis e medicinais na China. b. Os isómeros do ácido clorogénico são os principais compostos fenólicos responsáveis pela atividade antioxidante do extrato etanólico das flores chinesas *de P. mume*.	Shi et al. (2009)
Pirola (*Passiflora incarnate* Fisch.)	Passifloraceae	a. A pirola é um valioso sorvete natural antioxidante, especialmente as variedades que	Zhang et al. (2013)

		pertencem ao nordeste da China.	
Ruibarbo (*Rheum rhabarbarum* L.)	Polygonaceae	a. É amplamente cultivada no Tibete e na China e caracteriza-se por propriedades antioxidantes muito elevadas b. Foi encontrada uma correlação elevada entre o teor de polifenóis e a capacidade antioxidante total.	Kalisz et al. (2020)
Sorgo (*Sorghum bicolor* (L.) Moench)	Poaceae	a. O grão de sorgo é rico em compostos fenólicos, e a farinha de sorgo era utilizada para preparar pão chinês cozido a vapor. b. A adição de sorgo melhorou a capacidade antioxidante do pão chinês cozido a vapor; a vaporização diminuiu significativamente a capacidade antioxidante total do pão chinês cozido a vapor.	Wu et al. (2018)
Castanha de água (*Trapa bispinosa* Roxb)	Trapáceas	a. É uma planta aquática anual de folhas flutuantes,	Xia et al. (2017)

		amplamente distribuída em países tropicais e subtropicais, e as suas folhas têm actividades antioxidantes e antiproliferativas, que podem ser uma fonte potencial para a prevenção do cancro e de outras doenças associadas ao stress oxidativo.	

Plantas medicinais com atividade antioxidante no Brasil

As plantas têm desempenhado um papel essencial na procura de novos compostos para os mais diversos fins terapêuticos. Newmann e Cragg (2020) referem que, de 1981 a 2014, dos 1.881 medicamentos produzidos, cerca de 60% provêm de produtos naturais e seus derivados (Newman e Cragg, 2020). Os trópicos contêm a esmagadora maioria da biodiversidade da Terra. O Brasil é o país com a maior biodiversidade do mundo, apresenta vegetação distribuída em diversos habitats e biomas. Possui aproximadamente 20% das plantas existentes no planeta (Barlow et al., 2018). A condição do Brasil é muito singular, porém, a falta de ações de conservação e monitoramento dos ecossistemas pode causar, em breve, uma perda sem precedentes de espécies, muitas das quais sequer são conhecidas (Marmitt et al., 2018). O uso de plantas medicinais e produtos naturais tem um papel central na atenção primária à saúde e diante dessa flora imensurável, desde 2007, o sistema público de saúde brasileiro oferece produtos fitoterápicos derivados de plantas (Marmitt et al., 2020) . Atualmente, 12 medicamentos fitoterápicos são disponibilizados gratuitamente na rede pública de saúde, desde que prescritos (Brasil, 2013), derivados de plantas que posteriormente foram inseridas na Relação Nacional de Plantas Medicinais de Interesse ao Sistema Único de Saúde (RENISUS), uma lista é composta por 71 espécies vegetais, incluindo plantas utilizadas para uso empírico e também cujos efeitos foram comprovados cientificamente e que possibilitaram atender as doenças mais comuns nos brasileiros (Barlow et al., 2018; Marmitt et al., 2018). Assim, com o intuito de orientar e incentivar os profissionais a prescreverem fitoterápicos, a Agência Nacional de Vigilância Sanitária (ANVISA) publicou o Memento Fitoterápico, que reúne informações sobre o uso terapêutico, a nomenclatura popular e a parte da planta utilizada, além de contraindicações, precauções de uso, efeitos adversos, interações medicamentosas, vias de administração e posologia (Brasil, 2016).Nesse contexto, muitas dessas plantas possuem propriedades antioxidantes já descritas (Tabela 6).

Tabela 6- Visão geral de algumas plantas nativas da América do Sul (especialmente do Brasil) e os principais resultados antioxidantes.

Planta	Família de plantas	parte da planta/composto	Principais resultados da intervenção	tipo de estudo	Referência
Anacardium occidentale L.	Anacardiaceae	Maçãs de cajueiro: CCP (Clone Cajueiro Pacajus) e BRS (Clone Brasil)	a. Capacidade de absorção do radical oxigénio (ORAC) (CCP: 309,97 µmol TE/g; BRS:	Estudo *in vitro*	Lopes et al. (2012)

			34,75 μmol TE/g). A atividade antioxidante da maçã de caju é atribuída principalmente ao teor de polifenóis e, a maçã de caju é consumida fresca, o que confere benefícios diretos para a saúde humana e apresenta um elevado potencial para o desenvolvimento de novos produtos com propriedades funcionais		
Ananas comosus (L.) Merril	Bromeliaceae	Ananás cultivar imperial	a. Ananás (Vitamina C - mg/100g = 62,11 ± 9,49; Compostos fenólicos - mg de ácido gálico/100g = 126,95 ± 7,51; Atividade antioxidante - 2,2′-Azino-bis (ácido 3-etilbenzotiazolina-6-sulfónico)	Estudo *in vitro*	Ferreira et al. (2016)

			(ABTS) % de inibição = 21,75 ± 2,06)		
Arrabidaea chica var. *acutifólia* (DC.) Bureau	Bignoniaceae	Extrato etanol-água da folha	a. Ensaio DPPH do extrato de etanol-água da folha: IC_{50} 13,51 μg/mL, e 15,98 μg/mL. O extrato pode estimular o crescimento de fibroblastos no ensaio de cicatrização de feridas.	Estudo *in vitro*	Jorge et al. (2008) Siraichi et al. (2013)
Baccharis trimera (Less) DC	Asteraceae	Extrato liofilizado, resina do medicamento em pó, clorofórmio, acetato de etilo, etanol e fracções de etanol a 50% das folhas	a. Ensaio DPPH (atividade antioxidante %). Extrato liofilizado - 25 μg/mL: 56,42 ± 1,00; Resina - 25 μg/mL: 58,17 ± 1,65; Clorofórmio - 25 μg/mL: 53,71 ± 1,44; Acetato de etilo - 25 μg/mL: 55,46 ± 1,51; Etanol - 25 μg/mL: 68,11 ± 2,02; Etanol a 50% - 25 μg/mL: 69,79 ± 1,04, reduzindo a área da lesão	Estudo *in vivo*	Toledo Dias et al. (2009)

			em ratos (atividade antiulcerosa)		
Carapa guianensis Aubl.	Meliáceas	Óleo de semente de *C. guianensis*	a. DPPH (μL/mL): Óleo de semente: IC_{50} = 89,07 ± 3,67. Conteúdo fenólico (mg/g de catecol): Óleo de semente: 10,34 ± 0,04. É utilizada devido às suas múltiplas propriedades curativas contra a febre e o reumatismo e como agente anti-inflamatório, agente antibacteriano e repelente de insectos	Estudo *in vitro*	Araujo-Lima et al. (2018)
Casearia sylvestris Sw.	Salicáceas	Extrato etanólico de folhas e extrato bruto hidroalcoólico (HCE)	a. Ensaio DPPH (0,01 mg.mL = 94%) em ratos diabéticos induzidos por estreptozotocina [7]. O HCE (300 mg/kg) reduziu os níveis de TNB (nmol/mg de proteína)	Estudo *in vivo*	Albano et al. (2013) Espinosa et al. (2015)

			(0,033180 ± 0,003395) e de malondialdeído (MDA) (nmol/mg de proteína) (0,0167 ± 0,0018) [8]. Utilizado na medicina popular como agente depurativo, analgésico, anti-inflamatório e antiulcerogénico		
Cordia verbenacea DC	Boraginácea s	Extração com fluido supercrítico de EtOH (SFE), Soxhlet 5% EtOH (SE) extractos de folhas	a. Potencial antioxidante (IC_{50} µg/mL) (SE: 82,5 ± 0,5 SFE: 213 ± 4), capacidade antioxidante total (TEAC) (SE: 585 ± 10 SFE: 403 ± 11) e atividade de eliminação do radical anião superóxido (IC_{50} µg/ml) (SE: >1000 SFE: >1000)	Estudo *in vitro*	Michielin et al. (2011)
Croton lechleri Müll. Arg.	Euphorbiace ae	Extractos *n-hexano*, clorofórmio, *n-butanol* e	a. Fenóis (mg/g de extrato) de *n-butanol* (306 mg/g).	Estudo *in vitro*	De Marino et al. (2008)

		aquoso obtidos do látex *de C. lechleri*	Capacidade antioxidante (DPPH - IC_{50} = *n-butanol* 0,875 μM; clorofórmio 0,09 μM; 12,4 μM). As propriedades antioxidativas de *C. lechleri* podem ajudar a promover a cicatrização de feridas		
Eugenia uniflora L.	Myrtaceae	Frutos de *E. uniflora* com diferentes cores de polpa (roxo, vermelho e laranja)	a. Teor de fenólicos (mg de ácido gálico/100 g) (Roxo: 463 ± 16 Vermelho: 210 ± 3 Laranja: 179 ± 5), ensaio DPPH (nmol trolox/100 g) (Roxo: 3,1 ± 0,7 Vermelho: 1,4 ± 0,1 Laranja: 1,4 ± 0) e ensaio do poder antioxidante redutor do ferro (FRAP) (Roxo: 3,1 ± 0,6 Vermelho: 1,4 ± 0,3 Laranja: 1,1 ± 0,1). Propriedade antioxidante	Estudo *in vitro*	Bagetti et al. (2011)

			sugerida devido à presença de compostos fenólicos e carotenóides		
Jatropha gossypiifolia L.	Euphorbiaceae	Extrato bruto aquoso de folhas	a. Teste da capacidade antioxidante total (mg de equivalentes de ácido ascórbico por grama de amostra) (Extrato aquoso: 155). Teste do poder redutor (% de atividade redutora equivalente ao ácido ascórbico numa concentração de 0,2 µg/µL) (Extrato aquoso 1 µg/µL: 110). Atividade dos radicais hidroxilo (% de eliminação de radicais hidroxilo) (Extrato aquoso 1 µg/µL: 100). Os chás das folhas são utilizados popularmente como agente	Estudo *in vitro*	Felix-Silva et al. (2014)

			antitrombótico e os ramos são frequentemente utilizados como agente anticoagulante		
Libidibia ferrea (Mart. ex Tul.) L.P.Queiroz	Fabáceas	Extrato etanólico de vagens *de L. ferrea*	a. Extrato etanólico (Fenólicos totais - mg GAE/g extrato = 32,6 ± 0,0; DPPH - IC_{50} 4,4 ± 0,05 µg /ml; ABTS - IC_{50} 2,5 ± 0,06 µg /ml)	Estudo *in vitro*	Nascimento et al. (2015)
Lippia sidoides Cham.	Verbenáceas	Partes aéreas de *L. sidoides*	a. Parâmetro antioxidante total de captura de radicais (TRAP) (AUC unidades arbitrárias) (*L. sidoides*: 1 µg/mL: 100), Reatividade antioxidante total (TAR) (lo/l) (*L. sidoides*: 1 µg/mL: 40), Espécies reactivas do ácido tiobarbitúrico (TBARS) (% danos induzidos por AAPH) (*L.*	Estudo *in vitro*	Lima et al. (2015)

			sidoides: 1 µg/mL: 90)		
Maytenus ilicifolia Mart. ex Reiss	Celastraceae	Folhas secas (40 ºC) de *M. ilicifolia*	a. Ensaio DPPH 4,02 µg/mL. É utilizado no tratamento da gastrite e das úlceras gástricas	Estudo *in vitro*	Negri et al. (2009)
Mikania glomerata Spreng.	Asteraceae	Extrato etanólico de folhas de *M. glomerata*	a. Ensaio DPPH (12,5 µg/mL: 22,73 ± 0,64; 25 µg/mL: 28,06 ± 0,90; 50 µg/mL: 34,16 ± 0,94; 75 µg/mL: 38,3 ± 0,96; 100 µg/mL: 43,03 ± 0,81%), e radical ABTS (12,5 µg/mL: 21,56 ± 0.20; 25 µg/mL: 25,56 ± 0,72; 50 µg/mL: 27,46 ± 0,05; 75 µg/mL: 30,5 ± 1,05; 100 µg/mL: 37,83 ± 0,96%) e representam uma estratégia terapêutica interessante no tratamento da ansiedade	Estudo *in vitro*	Santana et al. (2014)
Myrciaria cauliflora (Mart.) O.	Myrtaceae	Fração de acetato de etilo (FAE) e	a. Ensaio DPPH de EAF (IC_{50} = 1,33 ± 0,08	Estudo *in vitro*	Peres et al. (2013)

Berg		extractos brutos de etanol (EBE) da casca de *M. cauliflora*	µg/mg) e CEE (IC_{50} = 4,65 ± 0,71 µg/mg)		
Phyllanthus niruri L.	Phyllanthaceae	Chá de infusão *de P. niruri*	a. Aumento dos marcadores antioxidantes no sangue humano, Superóxido dismutase (SOD) (*P. niruri:* 63,0 vs. Placebo: 60,1 U/mg), e ácido gálico (*P. niruri:* 0,03 vs. Placebo: -0,02 ug/mL)	Ensaio controlado aleatório	Colpo et al. (2014)
Phyllanthus amarus Schumach. & Thonn.	Euphorbiaceae	*P. amarus* por gel de nanopartículas	a. Aumento das concentrações séricas de SOD (*P. amarus*: 65% e Placebo: 40%) e dos níveis de capacidade antioxidante total (TAC) (*P. amarus*: 6,5 Placebo: 4,5 nmol/µL)	Ensaio controlado aleatório	Decha et al. (2019)
Psidium guajava (L.)	Myrtaceae	Extrato etanólico de *P. guajava*	a. Ensaio DPPH (0,100 mg/mL = 0,2815 ± 0,007). Apresenta potencial antioxidante	Estudo *in vitro*	Iha et al. (2008)

			para o desenvolvimento de uma formulação fitocosmética		
Schinus terebinthifolius Raddi	Anacardiaceae	Extrato do fruto de *S. terebinthifolius* e extrato metanólico bruto das folhas	a. Ensaios de DPPH (Extrato do fruto: 42,68 ± 0,05%), ORAC (Extrato do fruto: 43,40 ± 6,22 μM TE/g) e β-caroteno/ácido linoleico (Extrato do fruto: 61,41 ± 5,30%). O fruto da aroeira como fonte de componentes promotores de saúde. B. O extrato metanólico apresenta 12,32 ± 1,50% (ensaio DPPH), 70,44 ± 0,88% (ensaio β-caroteno/ácido linoleico) e ABTS (86,94 ± 2,04)	Estudo *in vitro* e *in vivo*	Da Silva et al. (2017) Da Silva et al. (2020)
Solidago microglossa DC	Asteraceae	Extrato etanólico de folhas	a. A peroxidação lipídica induzida pelo	Estudo *in vitro* e *in vivo*	Sabir et al. (2012)

			ferro (TBARS) (Extrato: IC_{50} = 7,69 ± 1,2 lg/ml). Inibição da peroxidação lipídica em cérebro de rato por tratamento com extrato (IC_{50} = 6,82 ± 1,4 lg/ml (Fe). O extrato conferiu maior proteção contra a peroxidação lipídica em fosfolípidos contra o nitroprussiato de sódio (IC_{50} = 11,5 ± 1,9 lg/ml)		
Uncaria tomentosa (Willd. ex Roem. & Schult.) DC.	Rubiáceas	Extrato aquoso de folhas de *U. tomentosa.* Extrato bruto hidroetanólico (BHE), e fração n-butanólica (BuOH)	a. ABTS (mmol Trolox/mg de extrato = 2,15 ± 0,29), DPPH (IC_{50} µg/mL = 10,68 ± 0,64), e FRAP mM FeSO4/mg de extrato = 2,9 ± 0,15). Atividade de eliminação de radicais livres (BHE: 10 ug/mL = 0,03 nm; BuOH: 15 ug/mL = 0,02 nm), e parâmetros de	Estudo *in vitro*	Dreifuss et al. (2013) Azevedo et al. (2019)

			stress oxidativo medidos em ratos portadores de tumores W256, atividade SOD no tumor (BHE: 5 U SOD mg de proteína; BuOH: 7 U SOD mg de proteína), e catalase no tumor (BHE: 5 umol/mg de proteína; BuOH: 8 umol/mg de proteína). A planta tem um potencial terapêutico reconhecido contra várias doenças associadas ao stress oxidativo		
Vernonia polyanthes (Spreng.) Less.	Asteraceae	Secagem e pulverização dos ramos por extração etanólica seguida de obtenção das fracções hexano, diclorometano, acetato de etilo e butanol	a. Ensaio DPPH - IC_{50} (µg/mL) (Etanol: 126,94 ± 0,42; Hexano : 215,47 ± 1,7; Diclorometano: 175,73 ± 1,25; Acetato de etilo: 58,56 ± 0,34; Butanol: 77,35 ± 0,12), e poder	Estudo *in vitro*	Minateli et al. (2016)

redutor do Fe^{+3} (Etanol: 346,50 ± 0,88; Hexano: 467,94 ± 2,47; Diclorometano: 334,43 ± 2,87; Acetato de etilo: 123,91 ± 0,44; Butanol: 146,97 ± 1,21). É uma planta que tem sido amplamente utilizada no Brasil para o tratamento de inflamações e lesões cutâneas

Conclusão

As plantas medicinais com propriedades antioxidantes têm sido utilizadas há muitos anos contra o stress oxidativo, que é causado por um desequilíbrio na produção de oxigénio reativo e na capacidade biológica de desintoxicar os intermediários reactivos ou reparar os danos resultantes. As espécies reactivas de oxigénio (ROS) são as que incluem iões de oxigénio reactivos e peróxidos e causam impactos prejudiciais em concentrações elevadas em biomoléculas como o ADN, ARN, proteínas e lípidos, conduzindo a condições patológicas nos seres humanos. Os antioxidantes naturais, como os ácidos fenólicos, possuem um espaço químico único que pode proteger os componentes celulares do stress oxidativo, mas o seu quimiotipo polar de ácido carboxílico reduz todo o potencial antioxidante intracelular devido à difusão limitada através das membranas biológicas. Os antioxidantes são as moléculas que estão envolvidas na eliminação destas espécies reactivas que causam o stress oxidativo e são definidas como as substâncias que podem impedir a oxidação do substrato a baixas concentrações. Os compostos fenólicos das especiarias possuem uma elevada capacidade antioxidante, que pode prevenir ou reduzir o risco de doenças humanas como o cancro, as doenças cardiovasculares e a diabetes. Os benefícios mais importantes dos antioxidantes para a saúde na prevenção e tratamento de doenças são a atividade anticancerígena, a atividade antidiabética, a atividade anti-infeção nosocomial, o tratamento do coração, a osteoartrite do joelho, a urolitíase, o sistema nervoso central e as doenças cardiovasculares, os antioxidantes em medicina dentária e os biocombustíveis. Os métodos de ensaio mais comuns para medir as actividades antioxidantes são o método DPPH, o método FRAP, o método TRAP, a atividade de eliminação do radical superóxido, a atividade de eliminação do radical hidroxilo, a atividade de inibição do radical óxido nítrico, os métodos ABTS e DMPD, a capacidade de absorção do radical oxigénio, o modelo do linoleato de β-caroteno, a peroxidação lipídica microssomal ou o ensaio tiobarbitúrico. As plantas medicinais mais conhecidas com actividades antioxidantes no Irão são a Artemísia, o fruto da bérberis, a borragem, a calêndula, a camomila, a chicória, o coltsfoot, os coentros, os cominhos, o ferulago, o chá verde, o espinheiro-alvar, a jujuba, o cardo mariano, a hortelã, o *Ocimum sanctum* Linn, *Ocimum basilicum* L., palmeira, poejo, romã, rosa, alecrim, zira negra, *Salvia Reuterana, Satureja bachtiarica* Bunge, *Satureja Khuzestanica, Smyrnium cordifolium, chá* e *timo*. As plantas medicinais tradicionais importantes com actividades antioxidantes na China são *Achyranthes bidentata* Blume, Aronia, Asparagus, *Asparagus racemosus* L., bindii, mirtilos, camélia, bayberry chinês, melão amargo chinês, couve chinesa, cereja chinesa, castanha chinesa, cebolinho chinês, espinheiro chinês, nogueira chinesa, alho francês chinês, pummelo local chinês, jujuba chinesa, azeitona chinesa, romã, chá de rosas chinês, toon chinês, melancia chinesa, chá preto, knotweed, marmelo chinês, ruibarbo chinês, sumagre, wolfberry, dendrobium, árvore da baqueta, espécies de Fiscus, gengibre, ginkgo, bagas de goji, uva, *Houttuynia cordata* Thunb., *Iris lactea* Pall., espinheiro de Jerusalém, óleo de sementes de kiwis, raiz de alcaçuz, plúmula de lótus, amora, *Perilla frutesces* (L.) Britt., *Ottelia acuminate, Prunus mume*, pirola, ruibarbo e castanha de água. *Anacardium occidentale* L., *Ananas comosus* (L.) Merril, *Arrabidaea chica* var. *acutifólia* (DC.) Bureau, *Baccharis trimera* (Less) DC., *Carapa guianensis* Aubl., *Casearia sylvestris* Sw., *Cordia verbenacea* DC., *Croton lechleri* Müll. Arg., *Eugenia uniflora* L., *Jatropha gossypiifolia* L., *Libidibia ferrea, Lippia sidoides* Cham., *Maytenus ilicifolia* Mart. ex Reiss., *Mikania glomerata* Spreng., *Myrciaria cauliflora* (Mart.) O. Berg., *Phyllanthus niruri* L., *Phyllanthus amarus, Psidium guajava* (L.), *Schinus terebinthifolius* Raddi, *Solidago microglossaDC.*, *Uncaria tomentosa, Vernonia polyanthes* (Spreng.) Less., são as principais plantas medicinais com actividades antioxidantes na América do Sul, especialmente no Brasil. Mais pesquisas e ensaios clínicos são necessários para fornecer mais informações sobre o papel das plantas medicinais com atividades antioxidantes no tratamento e prevenção de doenças e saúde.

Contribuições dos autores: W.S.: redação - preparação do rascunho original e edição; M.H.S.: redação - preparação do rascunho original e edição. Todos os autores leram e concordaram com a versão publicada do manuscrito.

Financiamento: Esta investigação foi financiada pela Fundação de Ciências Naturais de Pequim, China (Subvenção n.º M21026). Esta investigação foi também apoiada pelo Programa Nacional de I&D da China (subvenção de investigação 2019YFA0904700).

Declaração do Conselho de Revisão Institucional: Não aplicável.

Declaração de consentimento informado: Não aplicável.

Declaração de disponibilidade de dados: Não aplicável.

Conflitos de interesse: Os autores declaram não haver conflito de interesses.

Referências

1. Abbey, L., Udenigwe, C., Mohan, A., e Anom, E. 2017. Efeitos da irradiação de micro-ondas na potência de vermífugos, crescimento de plantas e atividade antioxidante em mudas de couve chinesa (*Brassica rapa* subsp. pekinensis). Jornal de Pesquisa em Radiação e Ciências Aplicadas. 10(2): 110-116.
2. Abdelaziz, S., Yousef, H. M. A., Al-Qahtani, A. S., Hassan, W. H. B., Fantoukh, O. I., e El-Sayed, M. A. 2020. Perfil fitoquímico, potencial antioxidante e citotóxico de *Parkinsonia aculeata* L. crescendo na Arábia Saudita. Sauid Pharmaceutical Journal. 28: 1129-1137.
3. Abd ElGawad, A., El Gendy, A. E.-N., El Amier, Y., Gaara, A., Omer, E., Al Rowaily, S., Assaeed, A., al Rashed, S., e Elshamy, A. 2020. Óleo essencial de Bassia muricata: Caracterização química, atividade antioxidante e efeito alelopático sobre a erva daninha *Chenopodium murale*. Jornal Saudita de Ciências Biológicas. 27: 1900-1906.
4. Abdellaoui, M., Bouhlali, R. D. T., Kasrati, A., e El-Rhaffari, L. 2017. O efeito da domesticação no rendimento das sementes, no rendimento do óleo essencial e nas actividades antioxidantes das sementes de funcho (*Foeniculum vulgare Mill*) cultivadas no oásis marroquino. Jornal da Associação das Universidades Árabes de Ciências Básicas e Aplicadas. 24: 107-114.
5. Abouseadaa, H. H., Atia, M. A. M., Younis, I. Y., Issa, M. Y., Ashour, H. A., Saleh, I., Osman, G. H., Arif, I. A., e Mohesen, E. 2020. Filogenia molecular orientada para o gene, perfil fitoquímico e atividade antioxidante de nove espécies pertencentes à família Caraceae. Saudi Journal of Biological Sciences. 27: 1649-1658.
6. Acemi, R. K., Acemi, A., Cakir, M., Polat, E. G., e Ozen, F. 2020. Triagem preliminar do potencial antioxidante *da Amsonia orientalis* propagada *in vitro*: Um exemplo de utilização sustentável de plantas medicinais raras em estudos farmacêuticos. Sustainable Chemistry and Pharmacy. 17: 100302.
7. Adegbola, P. I., Adetutu, A., e Olaniyi, T. D. 2020. Atividade antioxidante de espécies de Amaranthus da família Amaranthaceae - Uma revisão. South African Journal of Botany. 133: 111-117.
8. Adhikari, B., Dhungana, S. K., Ali, M. W., Adhikari, A., Kim, I.-D., e Shin, D.-H. 2019. Atividades antioxidantes, polifenol, flavonoide e conteúdo de aminoácidos na casca de amendoim. Jornal da Sociedade Saudita de Ciências Agrícolas. 18: 437-442.
9. Agrawal Surendra, S., e Talele Gokul, S. 2009. Atividade de eliminação de radicais livres de Capparis zeylanica, Plantas Medicinais. Jornal Internacional de Fitomedicamentos e Indústrias Relacionadas. 1(2): 405-425.
10. Ahmadi, F., Sadeghi, S., Modarresi, M., Abiri, R., Mikaeli, A. 2010. Composição química, actividades antimicrobianas, antifúngicas e antioxidantes in vitro do óleo essencial e do extrato metanólico de *Hymenocrater longiflorus* Benth. do Irão. Food and Chemical Toxicology. 48(5): 1137-1144.
11. Ahmed, A. F., Shi, M., Liu, C., e Kang, W. 2019. Análise comparativa das atividades antioxidantes de óleos essenciais e extratos de sementes de erva-doce (*Foeniculum*

vulgare Mill.) Do Egito e da China. Ciência dos Alimentos e Bem-Estar Humano. 8: 67-72.

12. Ahmed, A. F., Attia, F. A. K., Liu, Z., Li, C., Wei, J., e Kang, W. 2019. Atividade antioxidante e conteúdo fenólico total de óleos essenciais e extratos de plantas de manjericão doce (*Ocimum basilicum* L.). Ciência dos Alimentos e Bem-Estar Humano. 8: 299-305.
13. Ahouagi, V. B., Mequelino, D. B., Tavano, O. L., Garcia, J. A. D., Nachtigall, A. M., e Boas, B. M. V. 2021. Caraterísticas físico-químicas, atividade antioxidante e aceitabilidade de molhos de ketchup enriquecidos com morango. Food Chemistry. 340: 127925.
14. Ajiboye, T. O., Salawu, N. A., Yakubu, M. T., Oladiji, A. T., Akanji, M. A., e Okogun, J. I. 2011. Potenciais antioxidantes e de desintoxicação de drogas do extrato de antocianina *de Hibiscus sabdariffa*. Toxicologia química de drogas. 34(2): 109-115.
15. Aju, B. Y., Rajalakshmi, R., e Mini, S. 2020. Papel protetor do extrato de folha de *Moringa oleifera* no estado antioxidante cardíaco e peroxidação lipídica em ratos diabéticos induzidos por estreptozotocina. Heliyon. 6: e02935.
16. Akbari, S., Abdurahman, N. H., Yunus, R. M., Alara, O. R., e Abayomi, O. O. 2019. Extração, caraterização e atividade antioxidante do óleo de sementes de feno-grego (*Trigonella-Foenum Graecum*). Ciência dos Materiais para Tecnologias Energéticas. 2: 349-355.
17. Akinloye, D. I., Sunmonu, T. O., Omotainse, S. O., e Balogun, E. A. 2015. Avaliação dos potenciais antioxidantes do extrato de folhas de *Morinda morindoides*. Toxicologia e Química Ambiental. 97(2): 155-169.
18. Al Amri, F. S., e Hossain, M. A. 2018. Comparação de fenóis totais, flavonóides e potencial antioxidante de bananas maduras locais e importadas. Jornal Egípcio de Ciências Básicas e Aplicadas. 5: 245-251.
19. Alavi, L., Barzegar, M., Jabbari, A., e Naghdi Badi, H. 2010. Efeito do tratamento térmico na composição química e na propriedade antioxidante do óleo essencial de *Thymus daenensis*. Jornal de Plantas Medicinais. 9(35): 129-138.
20. Albano, M. N., da Silveira, M. R., Danielski, L. G., Florentino, D., petronilho, F., e Piovezan, A. P. 2013. Propriedades anti-inflamatórias e antioxidantes do extrato bruto hidroalcoólico de *Casearia sylvestris* Sw. (Salicaceae). J Ethnopharmacol. 147(3): 612-617.
21. Alenazi, M. M., Shafiq, M., Alsadon, A. A., Alhelal, I. M., Alhamdan, A. M., Solieman, T. H. I., Ibrahim, A. A., Shady, M. R., e Saad, M. A. O. 2020. Avaliação não destrutiva da firmeza da polpa e dos antioxidantes alimentares do tomate cultivado em estufa (*Solanum lycopersicum* L.) em diferentes estádios de maturação dos frutos. Saudi Journal of Biological Sciences. 27: 2839-2846.
22. Ali, A. M. A., El-Nour, M. E. M., e Yagi, S. M. 2018. Conteúdo total de fenólicos e flavonóides e atividade antioxidante do rizoma de gengibre (*Zingiber officinale*

Rosc.), Calo e calo tratados com alguns elicitores. Journal of Genetic Engineering and Biotechnology. 16: 677-682.
23. Al Habsi, A. A. S., e Hossain, M. A. 2018. Isolamento, caraterização da estrutura e previsão da atividade antioxidante de dois novos compostos das folhas de *Dodonaea viscosa* nativa do Sultanato de Omã. Jornal Egípcio de Ciências Básicas e Aplicadas. 5: 157-164.
24. Alkhalaf, M. I., Hussein, R. H., e Hamza, A. 2020. A síntese verde de nanopartículas de prata pelo extrato de *Nigella sativa* alivia a neuropatia diabética através de efeitos anti-inflamatórios e antioxidantes. Jornal Saudita de Ciências Biológicas. 27: 2410-2419.
25. Almeida, I. F., Maleckova, J., Saffi, R., Monteiro, H., Goios, F., Amaral, M. H., Costa, P. C., Garrido, J., Silva, P., Pestana, N., e Bahia, M. F. 2015. Caracterização de uma formulação tópica livre de surfactante antioxidante contendo extrato de folhas de *Castanea sativa*. Desenvolvimento de Medicamentos e Farmácia Industrial. 41(1): 148-155.
26. Alqahtani, F. Y, Aleanizy, F. S., Mahmoud, A. Z., Farshori, N. N., Alfaraj, R., Al-sheddi, E. S., e Alsarra, I. A. 2019. Composição química e actividades antimicrobianas, antioxidantes e anti-inflamatórias do óleo de sementes de *Lepidium sativum*. Jornal Saudita de Ciências Biológicas. 26: 1089-1092.
27. An, K., Zhao, D., Wang, Z., Wu, J., Xu, Y., e Xiao, G. 2016. Comparação de diferentes métodos de secagem no gengibre chinês (*Zingiber officinale* Roscoe): Alterações nos voláteis, perfil químico, propriedades antioxidantes e microestrutura. Química Alimentar. 197(Parte B): 1292-1300.
28. An, S., Liu, G., Guo, X., An, Y., e Wang, R. 2019. O extrato de gengibre aumenta a capacidade antioxidante e a imunidade das poedeiras. Nutrição Animal. 5: 407-409.
29. Anderson, J. W., Gowri, M. S., Turner, J., Nichols, L., Diwadkar, V. A., Chow, C. K., e Oeltgen, P. R. 1999. Antioxidant supplementation effects on low-density lipoprotein oxidation for individuals with type 2 diabetes mellitus. Journal of the American College of Nutrition. 18(5): 451-461.
30. Ao, C., Zhou, W., Gao, L., Dong, B., e Yu, L. 2020. Previsão de proteínas antioxidantes usando o método de representação de caraterísticas híbridas e floresta aleatória. Genómica. 112(6): 4666-4674.
31. Aoussar, N., Rhallabi, N., Ait Mhand, R., Manzali, r., Bouksaim, M., Douira, A., e Mellouki, F. 2020. Variação sazonal da atividade antioxidante e conteúdo fenólico de *Pseudevernia furfuracea*, *Evernia prunastri* e *Ramalina farinaceae* de Marrocos. Jornal da Sociedade Saudita de Ciências Agrícolas. 19: 1-6.
32. Ara, N., e Nur, H. 2009. Atividade antioxidante *in vitro* de folhas e flores metanólicas de *Lippia alba*. Res J Medicine and Medical Sci. 4(1): 107-110.
33. Arami, S., Ahmadi, A., e Haeri, S. A. 2013. Os efeitos radiprotectores do extrato *de Origanum vulgar* contra a genotoxicidade induzida por 131 I em linfócitos do sangue

humano. Cancer Biother Radiopharm. 28: 201-206.

34. Arnaud, J., Bost, M., Vitoux, D., Labarere, J., Galan, P., Faure, H., Hercberg, S., Bordet, J.-C., Roussel, A.-M., e Chappuis, P. 2007. Effect of low dose antioxidant vitamin and trace element supplementation on the urinary concentrations of thromboxane and prostacyclin metabolites. Journal of the American College of Nutrition. 26(5): 405-411.
35. Arteaga-Crespo, Y., Radice, M., Bravo-Sanchez, L. R., Garcia-Quintana, Y., e Scalvenzi, L. 2019. Otimização da extração assistida por ultrassom de antioxidantes fenólicos de *Ilex guayusa* Loes. folhas usando metodologia de superfície de resposta. Heliyon. 6: e03043.
36. Aruoma, O. I. 1998. Radicais livres, stress oxidativo e antioxidantes na saúde e na doença humana. J Am Oil Chem Sco. 75: 199-212.
37. Araujo-Lima, C. F., Fernandes, A. S., Gomes, E. M., Oliveira, L. L., Macedo, A. F., Antoniassi, R., et al. 2018. Atividade Antioxidante e Avaliação Genotóxica de Óleos de Sementes de Caranguejo (Andiroba, *Carapa guianensis* Aublet). Oxid Med Cell Longev. 2018: 3246719.
38. Asbaghian, S., Shafaghat, A., Zarea, K., Kasimov, F., e Salimi, F. 2011. Comparação de constituintes voláteis e actividades antioxidantes e antibacterianas dos óleos essenciais de *Thymus caucasicus*, *T. kotschyanus* e *T. vulgaris*. Natural Product Communications. 6(1): 137-140.
39. Asghar, M. N., e Ullah Khan, I. Avaliação da atividade antioxidante utilizando um ensaio melhorado de descoloração por ação do radical DMBD. Ata Chimica Slovenica. 54(2): 295-300.
40. Atere, T. G., Akinloye, O. A., Ugbaja, R. N., Oko, D. A., e Dealtry, G. 2018. Capacidade antioxidante *in vitro* e avaliação de eliminação de radicais livres do extrato padronizado da folha de *Costus afer*. Ciência dos Alimentos e Bem-Estar Humano. 7: 266-272.
41. Avila-Nava, A., Medina-Vera, I., Rodriguez-Hernandez, P., Guevara-Cruz, M., Canton, P. K. H.-G., Tovar, A. R., e Torres, N. 2020. Conteúdo de oxalato e atividade antioxidante de diferentes alimentos étnicos. Jornal de Nutrição Renal. DOI: 10.1053/j.jrn.2020.04.006
42. Azabou, S., Sebii, H., Taheur, F. B., Abid, Y., Jridi, M., e Nasri, M. 2020. Perfil fitoquímico e propriedades antioxidantes dos subprodutos do tomate afectados pelos solventes de extração e potencial aplicação em azeites refinados. Food Bioscience. 36: 100664.
43. Azadi Gonbad, R., Afzan, A., Karimi, E., Sinniah, U. R., e Swamy, M. K. 2015. Fitoconstituintes e propriedades antioxidantes entre clones comerciais de chá (*Camellia sinensis* L.) do Irão. Revista Eletrónica de Biotecnologia. 18: 433-438.
44. Azevedo, B. C., Roxo, M., Borges, M. C., Peixoto, H., Crevelin, E. J., Bertoni, B. W., et al. 2019. Atividade antioxidante de um extrato aquoso de folhas de *Uncarica*

tomentosa e seus principais alcalóides mitraphylline e isomitraphylline em *Caenorhabditis elegans*. Molecules. 24(18): 3299.
45. Azizi, A., e Pirbodaghi, M. 2016. Variações regionais da capacidade antioxidante e propriedades fenólicas na coleção de jujuba iraniana. Jornal de Drogas Herbais. 6(4): 199-209.
46. Baba, W. N., Tabasum, Q., Muzzaffar, S., Masoodi, F. A., Wani, I., Ganie, S. A., e Bhat, M. M. 2018. Algumas propriedades nutracêuticas de sementes e brotos de feno-grego (*Trigonella foenum-graecum* L.) da região do alto Himalaia. Food Biosci. 23: 31-37.
47. Badaoui, M. I., Magid, A. A., Voutquenne-Nazabadioko, L., Benkhaled, M., Harakat, D., Robert, A., e Haba, H. 2020. Isolamento guiado por atividade antioxidante de constituintes de *Euphorbia gaditana* Coss. E suas atividades antioxidantes e inibidoras de tirosinase. Cartas de Fitoquímica. 39: 99-104.
48. Bagetti, M., Pesamosca Facco, E. M., Piccolo, J., Hirsch, G. E., Rodriguez-Amaya, D., Kobori, C. N., et al. 2011. Caracterização físico-química e capacidade antioxidante de frutos de pitanga (*Eugenia uniflora* L.). Cienc Tecnol Aliment. 31(1): 147-154.
49. Bagherifard, A., Kadijani, A. A., Yahyazadeh, H., Rezazadeh, J., Azizi, M., Akbari, A., e Mirzaei, A. 2020. O valor do oxidante total sérico para a razão antioxidante como um biomarcador de osteoartrite do joelho. Clinical Nutrition ESPEN. 38: 118-123.
50. Bajalan, I., Rouzbahani, R., Pirbalouti, A. G., e Maggi, F. 2017. Actividades antioxidantes e antibacterianas dos óleos essenciais obtidos de sete populações iranianas de *Rosmarinus officinalis*. Culturas e produtos industriais. 107: 305-311.
51. Bakasatae, N., Kunworarath, N., Yupanqui, C. T., Voravuthikunchai, S. P., e Joycharat, N. 2018. Componentes bioativos, atividades antioxidantes e anti-inflamatórias da madeira de *Albizia myriophylla*. Revista Brasileira de Farmacognosia. 28: 444-450.
52. Balaji, S., Saravanan, R., e Kapilan, N. 2019. Influência do antioxidante galato de propilo no desempenho e nas emissões de um motor de ignição por compressão abastecido com misturas de ésteres Madhuca Indica B20. Fontes de energia, parte A: recuperação, utilização e efeitos ambientais. DOI: 10.1080/15567036.2019.1644396
53. Balakrishnam, N., Panda, A. B., Raj, N. R., Shrivastava, A., e Prathani, R. 2009. A avaliação da atividade de eliminação de óxido nítrico da raiz de *Acalypha Indica* Liin. Asian J Res Chem. 2(2): 148-150.
54. Bandli, J. K., e Heidari, R. 2014. A avaliação das atividades antioxidantes e compostos fenólicos nas folhas e inflorescências de *Artemisia dracunculus* L. por HPLC. Jornal de Plantas Medicinais. 13(51): 41-50.
55. Barak, T. H., Celep, E., Inan, Y., e Yesialda, E. 2020. Simulação de digestão humana in vitro da biodisponibilidade e atividade antioxidante de fenólicos de extratos de

frutas de *Sambucus ebulus* L.. Food Bioscience. 37: 100711.
56. Barbosa, J. R., Freitas, M. M. S., Oliveira, L. C., Martins, L. H. S., Almada-Vilhena, A. O., Oliveira, R. M., Pieczarka, J. C., Brasil, D. D. S. B., e Junior R. N. C. 2020. Obtenção de extratos ricos em polissacarídeos antioxidantes do cogumelo dibble *Pleurotus ostreatus* utilizando sistema binário com água quente e CO supercrítico$_2$. Food Chemistry. 330: 127173.
57. Barbouchi, M., Elamrani, K., El Idrissi, M., e Choukrad, M. 2020. Um estudo comparativo sobre o rastreio fitoquímico, a quantificação do conteúdo fenólico e as propriedades antioxidantes de diferentes extractos de solventes de várias partes de *Pistacia lentiscus* L. Journal of King Saud University. 32: 302-306.
58. Barlow, J., Franca, F., Gardner, T. A., Hicks, C. C., Lennox, G. D., e Berenguer, E. 2018. O futuro dos ecossistemas tropicais hiperdiversos. Nature. 559: 517-526.
59. Baskaran, K. 2017. Actividades farmacológicas de *Calendula officinalis*. Revista Internacional de Ciência e Pesquisa. 6(5): 43-47.
60. Bayani, M., Ahmadi-hamedani, M., e Javan, J. 2016. Atividades fitoquímicas e antioxidantes de *Berberis integerrima* e *Berberis vulgaris* e efeitos farmacológicos das espécies mais ativas em ratos diabéticos induzidos por aloxana. Jornal de Plantas Medicinais. 15(59): 111-121.
61. Belmokhtar, Z., e Harche, M. K. 2014. Atividade antioxidante in vitro de *Retama monosperma* (L.) Boiss. Pesquisa de Produtos Naturais. 28(24): 2324-2329.
62. Benzidia, B., Barbouchi, M., Hammouch, H., Belahbib, M., Zouarhi, M., Erramli, H., Daoud, N. A., Badrane, N., e Hajjaji, N. 2019. Composição química e atividade antioxidante do extrato de taninos da casca verde de *Aloe vera* (L.) Burm. F. Jornal da Universidade Rei Saud - Ciência. 31: 1175-1181.
63. Bertrand, P., Cheong Sing, A., e Jacqueline Smadja, A. 2005. Avaliação da atividade antioxidante dos açúcares castanhos de cana através de ensaios de eliminação de radicais ABTS e DPPH: determinação dos seus constituintes polifenólicos e voláteis. J Agric Food Chem. 53(26): 10074-10079.
64. Bhat, N. A., Wani, I. S., e Hamdani, A. M. 2020. Tomate em pó e licopeno bruto como fonte de antioxidantes naturais em biscoitos de farinha de trigo integral. Heliyon. 6: e03042.
65. Bhavaniramya, S., Vishnupriya, S., Al-Aboody, M. S., Vijayakumar, R., e Baskaran, D. 2019. Papel dos óleos essenciais na segurança alimentar: Aplicações antimicroviais e antioxidantes. Ciência e Tecnologia de Grãos e Óleos. 2: 49-55.
66. Bi, X., Soong, Y. Y., Lim, S. W., e Henry, C. J. 2015. Avaliação da capacidade antioxidante dos ingredientes chineses de cinco especiarias. Jornal Internacional de Ciências Alimentares e Nutrição. 66(3): 289-292.
67. Bidgoli, R. D., Heshmati, G. A., e Pessarakli, M. 2014. Influência do método de extração e do solvente nas propriedades antioxidantes dos extractos da planta *Artemisia Aucheri* da província de Kashan, no Irão. Jornal de Nutrição Vegetal. 37(9):

1424-1432.

68. Biglari, F., Alkarkhi, A. F. M., e Easa, A. M. 2008. Atividade antioxidante e teor fenólico de vários frutos de tamareira (*Phoenix dactylifera*) do Irão. Food Chemistry. 107(4): 1636-1641.
69. Birinci, Y., Niazi, J. H., Aktay-Cetin, O., e Basaga, H. . A querctina sob a forma de um nano-antioxidante ($QTiO_2$) proporciona a estabilização da quercetina e maximiza a sua capacidade antioxidante no modelo de fibroblastos de ratinho. Enzyme and Microbial Technology. 138: 109559.
70. Biswas, A., Bhattacharya, A., Chattopadhyay, A., Chakravarty, A., e Pal, S. 2011. Antioxidants and antioxidant activity in green pungent peppers (Antioxidantes e atividade antioxidante em pimentos verdes picantes). International Journal of Vegetable Science. 17(3): 224-232.
71. Bonello, S., Zahringer, C., BelAiba, R. S., Djordjevic, T., Hess, J., Michiels, C., et al. 2007. As espécies reactivas de oxigénio activam o promotor de HIF-1 alfa através de um local NFkappaB funcional. Arterioscler Thromb Vasc Biol. 27(4): 755-761.
72. Boroomand, N., Sadat-Hosseini, M., Moghbeli, M., e Farajpour, M. 2018. Componentes fitoquímicos, fenol total e conteúdo mineral e atividade antioxidante de seis principais plantas medicinais de Rayen, Irã. Pesquisa de produtos naturais. 32(5): 564-567.
73. Borras, C., Gomez-Cabrera, M. C., e Vina, J. 2011. O duplo papel do p53: proteção do ADN e antioxidante. Investigação sobre radicais livres. 45(6): 643-652.
74. Bouayed, J., Piri, K., Rammal, H., Dicko, A., Desor, F., Younos, C., e Soulimani, R. 2007. Avaliação comparativa do potencial antioxidante de algumas plantas medicinais iranianas. Química Alimentar. 104(1): 364-368.
75. Boussahel, S., Cacciola, F., Dahamna, S., Mondello, L., Saija, A., Cimino, F., Speciale, A., e Cristani, M. 2018. Perfil flavonoide, propriedades antioxidantes e antiglicação dos extratos de frutas *Retama sphaerocarpa*. Pesquisa de produtos naturais. 32(16): 1911-1919.
76. Bozorgi, M., e Vazirian, M. 2016. Atividade antioxidante do extrato de sementes de *Lallemantia royleana* (Benth.). Medicina Tradicional e Integrativa. 1(4): 147-150.
77. Brasil. Ministério da Saúde. Portal da Saúde: Relação Nacional de Medicamentos Essenciais (RENAME), 2013. Disponível em: < http://bvsms.saude.gov.br/bvs/saudelegis/gm/2012/prt0533_28_03_2012.html
78. Brasil. Ministério da Saúde. Memento Fitoterápico. 2016. Available in: < http://portal.anvisa.gov.br/documents/33832/2909630/Memento+Fitoterapico/a80ec477-bb36-4ae0-b1d2-e2461217e06b >
79. Bursal, E., Aras, A., e Kilic, O. 2018. Avaliação da capacidade antioxidante da planta endémica *Marrubium astracanicum* subsp. macrodon: Identificação de seu conteúdo fenólico usando HPLC-MS / MS. Nat Prod Res. 1-5.
80. Bursal, E., Taslimi, P., Goren, A. C., e Gulcin, I. 2020. Avaliação das actividades

anticolinérgicas, antidiabéticas, antioxidantes e do conteúdo fenólico de *Stachys annua*. Biocatálise e Biotecnologia Agrícola. 28: 101711.

81. Cai, Y., Luo, Q. Sun, M., e Corke, H. 2004. Atividade antioxidante e compostos fenólicos de 112 plantas medicinais tradicionais chinesas associadas a anticancerígenos. Ciências da Vida. 74: 2157-2184.
82. Cai, H., Zhang, Q., Shen, L., Luo, J., Zhu, R., Mao, J., Zhao, M., e Cai, C. 2019. Perfil fenólico e atividade antioxidante do vinho de arroz chinês fermentado com diferentes materiais de arroz e iniciadores. LWT. 111: 226-234.
83. Caldefie-Chezet, F., Fusillier, C., Jarde, T., Laroye, H., Damez, M., e Vasson, M. P. 2006. Potenciais efeitos anti-inflamatórios do óleo essencial *de Malaleuca alternifolia* em leucócitos do sangue periférico humano. Phytother Res. 20: 364-370.
84. Calderon-Chiu, C., Calderon-Santoyo, M., Herman-Lara, E., e Ragazzo-Sanchez, J. A. 2020. Folha de jaca (*Artocarpus heterophyllus* Lam) como nova fonte para obtenção de hidrolisados protéicos: Caracterização físico-química, propriedades tecnofuncionais e capacidade antioxidante. Food Hydrocolloids. DOI: 10.1016/j.foodhyd.2020.106319
85. Canakci, C. F., Cicek, Y., e Canakci, V. 2005. Espécies reactivas de oxigénio e doenças periodontais inflamatórias humanas. Biochem (Mosc). 70(6): 619-628.
86. Cao, J., Zheng, Y., Xia, X., Wang, Q., e Xiao, J. 2015. Conteúdo total de flavonóides, potencial antioxidante e atividade de inibição da acetilcolinesterase dos extratos de 15 samambaias na China. Culturas e produtos industriais. 75(Parte B): 135-140.
87. Carnelio, S., Khan, S. A., e Rodrigues, G. 2008. Definitivo, provável ou duvidoso: trilogia de antioxidantes em medicina dentária clínica. Br Dent J. 204(1): 29-32.
88. Casadey, R., Broglia, M., Barbero, C., Criado, S., e Rivarola, C. 2020. Sistemas de liberação controlada de antioxidantes fenólicos naturais encapsulados em hidrogéis biocompatíveis. Polímeros Reactivos e Funcionais. DOI: 10.1016/j.reactfunctpolym.2020.104729
89. Chahardehi, A. M., Ibrahim, D., e Sulaiman, S. F. 2009. Atividade antioxidante e teor total de fenoceno de algumas plantas medicinais da família Urticaceae. J Applied Biol Sci. 3(2): 27-31.
90. Chai, T.-T., Xiao, J., Dass, S. M., Teoh, J.-Y., Ee, K.-Y., Ng, W.-J., e Wong, F.-C. 2021. Identificação de peptídeos antioxidantes derivados de sementes de jaca tropical e investigação dos perfis de estabilidade. Food Chemistry. 340: 127876.
91. Chan, S., Li, S., Kwok, C., Benzie, I., Szeto, Y., Guo, D. J., He, X., e Yu, P. 2008. Antioxidant activity of Chinese medicinal herbs. Biologia Farmacêutica. 46(9): 587-595.
92. Chen, W., Zhao, J., Bao, T., Xie, J., Liang, W., e Gowd, V. 2016. Estudo comparativo sobre fenólicos e propriedades antioxidantes de algumas cultivares novas e comuns de bayberry na China. Jornal de Alimentos Funcionais. 27: 472-482.
93. Chen, I.-N., Ng, C.-C., Wang, C.-Y., e Chang, T.-L. 2009. Fermentação láctica e

atividade antioxidante de plantas Zingiberaceae em Taiwan. Jornal Internacional de Ciências Alimentares e Nutrição. 60(2): 57-66.

94. Chen, H., Chen, J., Yang, H., Chen, W., Gao, H., e Lu, W. 2016. Variação na antocianina total, conteúdo fenólico, enzima antioxidante e capacidade antioxidante entre diferentes cultivares de amoreira (*Morus* sp.) na China. Scientia Horticulturae. 213: 186-192.
95. Chen, G.-L., Zhang, X., Chen, S.-G., Han, M.-D., e Gao, Y.-Q. 2017. Atividades antioxidantes e conteúdo de fenólicos livres, esterificados e insolúveis em 14 folhas de frutas subtropicais coletadas no sul da China. Journal of Functional Foods. 30: 290-302.
96. Chen, Y. P., e Chung, H. Y. 2019. Antioxidante e sabor em especiarias usadas na preparação de pratos chineses. Enciclopédia de Química Alimentar. 2019: 1-9.
97. Chen, N., Han, B., Fan, X., Cai, F., Ren, F., Xu, M., Zhong, J., Zhang, Y., Ren, D., e Yi, L. 2020. Revelação das caraterísticas antioxidantes do chá preto através do acoplamento do ensaio de eliminação de radicais livres *in vitro* com a análise UHPLC-HRMS. Journal of Chromatography B. 1145: 122092.
98. Chen, Y., Wang, Y., Xu, L., Jia, Y., Xue, Z., Zhang, M., Phisalaphong, M., e Chen, H. 2020. Pectina modificada assistida por ultrassom de bagaço de fruta não madura de framboesa (*Rubus chingii* Hu): Caracterização estrutural e actividades antioxidantes. LWT. 134: 110007.
99. Chen, Y., Al-Ghamdi, A. A., Elshikh, M. S., Shah, M. H., Al-Dosary, M. A., e Abbasi, A. M. 2010. Perfil fitoquímico, antioxidante e células cancerígenas HepG2· potencial de antiproliferação nos grãos de cultivares de damasco. Revista Saudita de Ciências Biológicas. 27: 163-172.
100. Cheng, K.-W., Yang, R.-Y., Tsou, S. C. S., Lo, C. S. C., Ho, C.-T., Lee, T.-C., e Wang, M. 2009. Análise da atividade antioxidante e dos constituintes antioxidantes do toon chinês. Journal of Functional Foods. 1(3): 253-259.
101. Cheng, X.-C., Guo, X.-R., Qin, Z., Wang, X.-D., Liu, H.-M., e Liu, Y.-L. 2020. Caraterísticas estruturais e atividades antioxidantes da lignina de frutos de marmelo chinês (*Chaenomeles sinensis*) durante o pré-tratamento organosolv de etanol autocatalisado. Jornal Internacional de Macromoléculas Biológicas. DOI: 10.1016/j.ijbiomac.2020.08.249
102. Chick, C. N., Misawa-Suzuki, T., Suzuki, Y., e Usuki, T. 2020. Preparação e estudo antioxidante de nanopartículas de prata do extrato de metanol de *Microsorum pteropus*. Cartas de Química Bioorgânica e Medicinal. 30(22): 127526.
103. Colpo, E., Vilanova, C. D., Pereira, R. P., Reetz, L. G., Oliveira, L., e Farias, I. L. 2014. Efeitos antioxidantes do chá de *Phyllanthus niruri* em indivíduos saudáveis. Asian Pac J Trop Med. 7: 113-118.
104. Crespo, Y. A., Sanchez, L. R. B., Quintana, Y. G., Cabrera, A. S. T., Sol, A. B. D., e Mayancha, D. M. G. 2019. Avaliação dos efeitos sinérgicos da atividade

antioxidante em misturas do óleo essencial de *Apium graveolens* L., *Thymus vulgaris* L. e *Corisandrum sativum* L. usando o design simplex-lattice. Heliyon. 5: e01942.

105. Cui, J., Xia, P., Zhang, L., Hu, Y., Xie, W., e Xiang, H. 2020. Uma nova soja fermentada, inoculada com cepas selecionadas *de Bacillus*, *Lactobacillus* e *Hansenula*, mostrou forte atividade antioxidante e potencial anti-fadiga. Food Chemistry. 333: 127527.

106. Dai, H., Wei, S., Skuza, L., e Jia, G. 2019. O selênio espetado no solo promoveu o acúmulo de zinco no repolho Chinse e melhorou seu sistema antioxidante e a peroxidação lipídica. Ecotoxicologia e Segurança Ambiental. 180: 179-184.

107. Da Silva, M. M., Iriguchi, E. K. K., Kassuya, C. A. L., Vieira, M. C., Foglio, M. A., de Carvalho, J. E., et al. 2017. *Schinus terebinthifolius*: consitentes fenólicos e atividades antioxidante *in vitro*, antiproliferativa e anti-inflamatória *in vivo*. Rev Bras Farmacogn. 27(4): 445-452.

108. Dastmalchi, N., Baradaran, B., Latifi-Navid, S., Safaralizadeh, R., Khojasteh, S. M. B., Amini, M., Roshani, E., e Lotfinejad, P. 2021. Antioxidantes com duas faces para o cancro. Ciências da Vida. 258: 118186.

109. Decha, P., Kanokwan, K., Jiraporn, T., Pichaya, J., e Pisittawoot, A. 2019. A fonoférese associada ao gel de nanopartículas de *Phyllanthus amarus* alivia a dor, reduzindo o estresse oxidativo e os marcadores pró-inflamatórios em adultos com osteoartrite conhecida. Chin J Integr Med. 25: 691-695.

110. Degirmenci, H., e Erkurt, H. 2020. Relação entre componentes voláteis, propriedades antimicrobianas e antioxidantes do óleo essencial, hidrossol e extractos de flores de *Citrus aurantium* L. Jornal de Infeção e Saúde Pública. 13: 58-67.

111. Dehghan, H., Sarrafi, Y., e Salehi, P. 2016. Atividades antioxidantes e antidiabéticas de 11 plantas herbáceas da região de Hyrcania, Irã. Jornal de Análise de Alimentos e Medicamentos. 24: 179-188.

112. De Oliveira, V. S., Augusta, I. M., Braz, M. V. C., Riger, C. J., Prudencio, E. R., Sawaya, A. C. H. F., et al. 2020. Fruto da Aroeira (*Schinus terebinthifolius* Raddi) como antioxidante natural: Constituintes químicos, compostos bioativos e capacidade antioxidante *in vitro* e *in vivo*. Food Chem. 315: 126274.

113. Dreifuss, A. A., Bastos-Pereira, A. L., Fabossi, I. A., Livero, F. A. R., Stolf, A. M., de Souza, C. E. A., et al. 2013. *Uncaria tomentosa* exerce extensos efeitos anti-neoplásicos contra o tumor walker-256 modulando o estresse oxidativo e não pela atividade alcaloide. PLoS One. 8(2): e54618.

114. Dr. Marino, S., Gala, F., Zollo, F., Vitalini, S., Fico, G., Visioli, F., et al. 2008. Identificação de Metabolitos Secundários Menores do Látex de *Croton lechleri* (Muell-Arg) e Avaliação da sua Atividade Antioxidante. Molecules. 13(6): 1219-1229.

115. Deng, J., Liu, Q., Zhang, Q., Zhang, C., Liu, D., Fan, D., e Yang, H. 2018. Estudo comparativo sobre a composição, caraterísticas físico-químicas e

antioxidantes de diferentes variedades de óleo de semente de kiwi na China. Química Alimentar. 264: 411-418.

116. De Oliveira, S. Q. Dal-Pizzol, F., Gosmann, G., Guillaume, D., Moreira, J. C. F., e Schenkel, E. P. 2003. Atividade antioxidante de extractos *de Baccharis articulate*: Isolamento de um novo composto com atividade antioxidante. Investigação de Radicais Livres. 37(5): 555-559.

117. Deng, G. B., Zhang, X. L., Wang, Y. Y., Lin, Y., e Chen, X. L. 2008. Composição química e atividade antimicrobiana do óleo essencial de *Iris pallisa* Lam. Chem Ind For Prod. 28(3): 39-44.

118. Deng, G. B., Zhang, H. B., Xue, H. F., Chen, S. N., e Chen, X. L. 2009. Composição química e actividades biológicas do óleo essencial dos rizomas de *Iris bulleyana*. Agric Sci China. 8(6): 691-696.

119. Derakhshan, S., Sattari, M., e Bigdeli, M. 2008. Efeito de concentrações subinibitórias de óleo essencial e extrato alcoólico de sementes de cominho (*Cuminum cyminum* L.) na morfologia, expressão da cápsula e atividade de urease de Klebsiella pneumonia. Int J Antimicrob Agents. 32(5): 432-436.

120. Desta, M., Molla, A., e Yusuf, Z. 2020. Caracterização das propriedades físico-químicas e atividade antioxidante do óleo da semente, folha e caule da beldroega (*Portulaca oleraceae* L.). Biotechnology Reports. 27: e00512.

121. Dhandapani, S., Subramanian, V. R., Rajagopal, S., et al. 2002. Hypolipidemic effect of *Cuminum cyminum* L. on alloxan-induced diebetic rats. Pharmacol Res. 46(3): 251-255.

122. Dhanasekaran, S. 2020. Caraterísticas fitoquímicas da parte aérea de *Cissus quadrangularis* (L.) e sua atividade inibitória in vitro contra células leucêmicas e propriedades antioxidantes. Sauid Journal of Biological Sciences. 27: 1302-1309.

123. Diamantis, D. A., Oblukova, M., Chatziathanasiadou, M. V., Gemenetzi, A., Papaemmanouil, C., Gerogianni, P. S, Syed, N., Crook, T., Galaris, D., Deligiannakis, Y., Sokolova, R., e Tzakos, A. G. 2020. Precursores antioxidantes bioinspirados que respondem ao tiol de fluorogeni para proteger as células contra H O_{22} -induec DNA damage. Free Radical Biology and Medicine. 160: 540-551.

124. Djebari, S., Wrona, M., Boudria, A., Salafranca, J., Nerin, C., Bedjaoui, K., e Madani, K. 2021. Estudo de compostos voláteis bioativos de diferentes partes de extratos *de Pistacia lentiscus* L. e suas atividades antioxidantes e antibacterianas para novas aplicações de embalagens ativas. Food Control. 120: 107514.

125. Djenane, D. 2015. Perfil químico, atividade antibacteriana e antioxidante dos óleos essenciais de citrinos argelinos e sua aplicação em Sardina pilchardus. Foods. 4: 208-228.

126. Dkhil, M. A., Thagfan, F. A., Hassan, A.-M. S., Al-Shaebi, E. M., Abdel-Gaber, R., e Al-Quraishy, S. 2019. Atividade anti-helmíntica, anticoccidiana e antioxidante dos extratos de raiz de *Salvadora persica*. Jornal Saudita de Ciências

Biológicas. 26: 1223-1226.

127. Dolek, U., Gunes, M., Genc, N., e Elmastas, M. 2018. O composto fenólico total e a atividade antioxidante mudam na rosa mosqueta (*Rosa* sp.) Durante o amadurecimento. J Agr Sci Tech. 20: 817-828.

128. Dong, R., Yu, Q., Liao, W., Liu, S., He, Z., Hu, X., Chen, Y., Xie, J., Nie, S., e Xie, M. 2021. Composição de polifenóis ligados à fibra dietética da cenoura e sua atividade antioxidante *in vivo* e *in vitro*. Food Chemistry. 339: 127879.

129. Du, L., Li, D., Zhang, J., Du, J., Luo, Q., e Xiong, J. 2020. Elicitação de células de suspensão de *Lonicera japonica* Thunb para aumento de metabólitos secundários e atividade antioxidante. Culturas e produtos industriais. 156: 112877.

130. Duan, Y., Melo Santiago, F. E., dos Reis, A. R., de Figueiredo, M. A., Zhou, S., Thannhauser, T. W., e Li, L. 2020. Variação genotípica de flavonóis e capacidade antioxidante em brócolos. Química Alimentar. DOI: 10.1016/j.foodchem.2020.127997

131. Dutta, S., e Ray, S. 2015. Avaliação da atividade de eliminação de radicais livres in vitro de frações de extrato de folhas de *Manilkara hexandra* (Roxb) Dubard em relação ao conteúdo fenólico total. Int J Pharm Pharm Sci. 7(10): 296-301.

132. Dutta, S., e Ray, S. 2020. Avaliação comparativa do conteúdo fenólico total e das actividades antioxidantes in vitro dos extractos metanólicos da casca e da folha de *Manilkara hexandra* (Roxb.) Dubard. Jornal da Universidade Rei Saud - Ciência. 32: 643-647.

133. Dykes, L., Rooney, W. L., e Rooney, L. W. 2013. Avaliação da atividade fenólica e antioxidante de híbridos de sorgo preto. J Cereal Sci. 58: 278-283.

134. Edziri, H., Mastouri, M., Mahjoub, M. A., Patrich, G., Matieu, M., Ammar, S., Ali, S. M., Laurent, G., Zine, M., e Anouni, M. 2010. Actividades antibacterianas, antivirais e antioxidantes de extractos de partes aéreas de *Peganum harmala* L. cultivadas na Tunísia. Química Toxicológica e Ambiental. 92(7): 1283-1292.

135. Ehlenfeldt, M., e Prior, R. L. 2001. Capacidade de absorção de radicais de oxigénio (ORAC) e concentrações de fenólicos e antocianinas em tecidos de frutos e folhas de mirtilo de arbusto alto. J Agric Food Chem. 49(5): 2222-2227.

136. El-Hack, M. E., El-Saadony, M. T., Shafi, M. E., Zabermawi, N. M., Arif, M., Batiha, G. E., Khafaga, A. F., El-Hakim, Y. M. A, e Sagheer, A. A. 2020. Propriedades antimicrobianas e antioxidantes do quitosano e seus derivados e suas aplicações: A review. International Journal of Biological Macromolecules. 164: 2726-2744.

137. Ellnain, W. M. 1997. Ácidos fenólicos de Ginkgo biloba L. Parte II. Quantitativo de ácidos fenólicos livres e libertados por hidrólise. Ata Poloniae Pharmaceutica. 54: 229-232.

138. Ellnain, M. W., Kruczynski, Z., e Kasprzak, J. 2003. Investigação da atividade de eliminação de radicais livres das folhas de *Ginkgo biloba* L.. Fitoterapia. 74: 1-6.

139. Emamghoreishi, M., Khasaki, M., e Aazam, M. F. 2005. *Coriandrum sativum*:

Avaliação do seu efeito ansiolítico no labirinto em cruz elevado. J Ethnopharmacol. 96(3): 365-370.

140. Enko, J., e Gliszczynska-Swiglo, A. 2015. Influência das interações entre extractos de chá (*Camellia sinensis*) e ácido ascórbico na sua atividade antioxidante: análise com índices de interação e isobologramas. Aditivos e Contaminantes Alimentares: Parte A. 32(8): 1234-1242.

141. Erdogan, M. K., Gecibesler, I. H., e Behcet, L. 2020. Constituintes químicos, efeitos antioxidantes, antiproliferativos e apoptóticos de uma nova espécie endémica de Boraginaceae: *Paracaryum bingoelianum*. Resultados em Química. 2: 100032.

142. Espinosa, J., Medeiros, L. F., Souza, A., Guntzel, A. R. C., Rucker, B., Cassali, E. A., et al. 2015. Extrato etanólico de *Casearia sylvestris* Sw exibe atividades antioxidantes e antimicrobianas in vitro e efeito hipolipidêmico in vivo em ratos. Rev. bras. plantas med. 17(2): 305-315.

143. Esterhuizen, L. L., Meyer, R., e Dubery, I. A. 2006. Atividade antioxidante de metabolitos de *Coleonema album* (Rutaceae). Natural Product Communications. 1(5); 367-375.

144. Fadila, K. S., Hui, C. A., Sook Mei, K., e Cheng Hock, C. 2019. Constituintes químicos e capacidade antioxidante de *Ocimum basilicum* e *Ocimum sanctum*. Irão J Chem Eng. 38(2): 139-152.

145. Fakour, Sh., Heydari, S., Akradi, L., e Rahymi Bane, R. 2017. Efeito do extrato de mástique *de Pistacia atlantica* na cicatrização experimental de feridas e vários parâmetros bioquímicos do soro sanguíneo em modelos de coelho. Jornal de Plantas Medicinais. 16(63): 78-91.

146. Falahi, E., Delshadian, Z., Ahmadvand, H., e Shokri Jokar, S. 2019. Constituintes voláteis do espaço principal e propriedades antioxidantes de cinco plantas comestíveis selvagens iranianas tradicionais cultivadas no oeste do Irã. AIMS Agricultura e Alimentos. 4(4): 1034-1053.

147. Fallah Huseini, H., Zaree Mahmodabady, A., Heshmat, R., e Raza, M. 2009. O efeito do extrato de sementes de *Silybum marianum* (L.) Gaertn. (Silymarin) na formação de cataratas induzidas por galactose em ratos. Journal of Medicinal Plans. 8(5): 7-12.

148. Farag, R. S., Badei, A. Z. M. A., e El-Baroty, G. S. A. 1989. Influência dos óleos essenciais de tomilho e cravinho na oxidação do óleo de semente de algodão. J. The American Oil Chemists Society. 66: 800-804.

149. Farhadi, N., Babaei, K., Farsaraei, S., Moghaddam, M., e Pirbalouti, A. G., 2020. Alterações nas composições de óleo essencial, fenol total, flavonóides e capacidade antioxidante de *Achillea millefolium* em diferentes estágios de crescimento. Culturas e produtos industriais. 152: 112570.

150. Farhoudi, R., e Lee, D.-J. 2017. P 021-constituintes químicos e propriedades antioxidantes do óleo essencial de *Matricaria recutita* e *Chamaemelum nobile* que

crescem no sudoeste do Irão. Biologia e Medicina de Radicais Livres. 108: S24.

151. Fazel, H., e Moslemi, H. R. 2017. As propriedades antioxidantes de *Pistacia khinjuk* aceleram a cicatrização da lesão experimental do tendão de Aquiles em coelhos. Jornal de Plantas Medicinais. 16(63): 33-42.

152. Feas, X., Estevinho, L. M., Salinero, C., Vela, P., Sainz, M. J., Pilar Vazquez-Tato, M., e Seijas, J. A. 2013. Caraterísticas triacilglicerídicas, antioxidantes e antimicrobianas dos óleos virgens *de Camellia oleifera, C. reticulate* e *C. sasanqua.* Molecules. 18: 4573-4587.

153. Elix-Silva, J., Souza, T., Camara, R. B. B. G., Cabral, B., Silva-Junior, A. A., Rebecchi, I. M. M., et al. 2014. Atividades anticoagulante e antioxidante *in vitro* das folhas de *Jatropha gossypiifolia* L. (Euphorbiaceae) visando aplicações terapêuticas. BMC Complementary and Alternative Medicine. 14: 405.

154. Feng, S., Cheng, H., Fu, L., Ding, C., Zhang, L., Yang, R., e Zhou, Y. 2014. Extração assistida por ultra-sons e actividades antioxidantes de polissacáridos de folhas *de Camellia oleifera*. Jornal Internacional de Macromoléculas Biológicas. 68: 7-12.

155. Feng, Y.-X., Ruan, G.-R., Jin, F., Xu, J., e Wang, F.-J. 2018. Purificação, identificação e síntese de cinco novos peptídeos antioxidantes de hidrolisados de proteínas da castanha chinesa (*Castanea mollissima* Blume). LWT. 92: 40-46.

156. Fernandez, N. J., Damiani, N., Podaza, E. A., Martucci, J. F., Fasce, D., Quiroz, F., Meretta, P. E., Quintana, S., Eguaras, M. J., e Gende, L. B. 2019. Extratos *de Laurus nobilis* L. contra *larvas de Paenibacillus*: atividade antimicrobiana, capacidade antioxidante, comportamento higiênico e força da colônia. Jornal Saudita de Ciências Biológicas. 26: 906-912.

157. Ferreira, E. A., Siqueira, H. E., Vilas Boas, E. V., Hermes, V. S., e Rios, A. O. 2016. Compostos bioativos e atividade antioxidante de frutos de abacaxi de diferentes cultivares. Rev Bras Frutic. 38(3): e-146.

158. Fidelis, M., de Oliveira, S. M., Santos, J. S., Escher, G. B., Rocha, R. S., Cruz, A. G., do Carmo, M. A. V., Azevedo, L., Kaneshima, T., Oh, W. Y., Shahidi, F., e Granato, D. 2020. De subproduto a ingrediente funcional: Extrato de semente de Camu-camu (*Myrciaria dubia*) como agente antioxidante em um modelo de iogurte. Journal of Dairy Science. 103(2): 1131-1140.

159. Firtin, B., Yenipazar, H., Syagun, A., e Sahin-Yesilcubuk, N. 2020. Encapsulamento de óleo de semente de chia com curcumina e investigação do comportamento de libertação e das propriedades antioxidantes das microcápsulas durante estudos de digestão *in vitro*. LWT-Ciência e Tecnologia Alimentar. 134: 109947.

160. Firuzi, P., Javidnia, K., Gholami, M., Soltani, M., e Miri, R. 2010. Atividade antioxidante e conteúdo fenólico total de 24 espécies de *Lamiaceae* que crescem no Irão. Comunicações de produtos naturais. 5(2): 261-264.

161. Fraga, L. N., Oliveira, A. K. D. S., Aragao, B. P., de Souza, D. A., dos Santos, E. W. P., Melo, J. A., de Oliveira, A. M., Junior, A. W., Correa, C. B., de Andrade Wartha, E. R. S., Bacci, L., e de Carvalho, M. M. 2020. Caracterização por espetrometria de massas, atividade antioxidante e citotoxicidade dos extratos de casca e polpa de Pitomba. Química de Alimentos. DOI: 10.1016/j.foodchem.2020.127929

162. Franco, R. R., Alves, V. H. M., Zabisky, L. F. R., Justino, A. B., Martins, M. M., Saraiva, A. L., Goulart, L. R., e Espindola, F. S. 2020. Potencial antidiabético das folhas de *Bauhinia forficate* Link: uma fonte não citotóxica de inibidores de lipase e glicosídeo hidrolases e moléculas com propriedades antioxidantes e antiglicantes. Biomedicina e Farmacoterapia. 123: 109798.

163. Franco-Arnedo, G., Buelvas-Puello, L. M., Miranda-Lasprilla, D., Martinez-Correa-H. A., e Parada-Alfonso, F. 2020. Obtenção de extratos antioxidantes de cascas de tangerina (*C. reticulate* var. Arrayana) por CO_2 supercrítico modificado e seu uso como agente protetor contra a oxidação lipídica de uma maionese. The Journal of Supercritical Fluids. 165: 104957.

164. Fu, L., Wei, J., Gao, Y., e Chen, R. 2020. Actividades antioxidantes e antitumorais de fracções isoladas de macamida e macaene de *Lepidium meyenii* (Maca). Talanta. DOI: 10.1016/j.talanta.2020.121635

165. Gallia, M. C., Bachmeier, E., Ferrari, A., Queralt, I., Mazzeo, M. A., e Bongiovanni, G. A. 2020. Os resíduos de sementes de Pehuen (*Araucaria araucana*) são uma fonte valiosa de antioxidantes naturais com propriedades nutracêuticas, quimioprotetoras e inibidoras da corrosão de metais. Bioorganic Chemistry. 104: 104175.

166. Gao, Q.-H., Wu, P.-T., Liu, J.-R., Wu, C.-S., Parry, J.-W., e Wang, M. 2011. Propriedades físico-químicas e capacidade antioxidante de diferentes cultivares de jujuba (*Ziziphus jujube* Mill.) cultivadas no planalto de loess da China. Scientia Horticulturae. 130(1): 67-72.

167. Gao, N., Sun, X., Li, D., Gong, E., Tian, J., Si, X., Jiao, X., Xing, J., Wang, Y., Meng, X., e Li, B. 2020. Otimização da conversão de antocianidinas usando bagaço de chokeberry rico em proantocianidinas poliméricas e análise da atividade antioxidante celular. LWT. 133: 109889.

168. Gautam, V., Sharma, A., Arora, S., Bhardwaj, R., Ahmad, A., Ahmad, B., e Ahmad, P. 2020. Actividades antioxidantes in vitro, antimutagénicas e de inibição do crescimento de células cancerígenas de folhas e flores *de Rhododendron arboreum*. Sauid Journal of Biological Sciences. 27: 1788-1796.

169. Gharib, A., e Godarzee, M. 2016. Determinação de metabólitos secundários e atividade antioxidante de algumas espécies de *boraginaceae* que crescem no Irã. Revista Tropical de Pesquisa Farmacêutica. 15(11): 2459-2465.

170. Gharibi, S., Tabatabaei, B. E. S., Saeidi, G., Goli, S. A. H., e Talebi, M. 2013. Conteúdo fenólico total e atividade antioxidante de três espécies endémicas iranianas

de Achillea. Culturas e produtos industriais. 50: 154-158.

171. Ghosh, T., Maity, T. K., Das, M., Bose, A., e Dash, D. K. 2007. Atividade antioxidante e hepatoprotectora *in vitro* do extrato etanólico das partes aéreas *de Bacopa monnieri* Linn. Jornal Iraniano de Farmacologia e Terapêutica. 6(1): 77-85.

172. Ghosh, N., Ghosh, R., e Mandal, S. C. 2011. Proteção antioxidante: Uma intervenção terapêutica promissora na doença neurodegenerativa. Investigação sobre radicais livres. 45(8): 888-905.

173. Godic, A., Poljsak, B., Adamic, M., e Dahmane, R. 2014. O papel dos antioxidantes na prevenção e tratamento do cancro da pele. Oxid Med Cell Longev. 2014(5): 860479.

174. Gohari, A. R., Hajimehdipoor, H.,Saeidnia, S., Ajani, Y., e Hadjiakhoondi, A. 2011. Atividade antioxidante de algumas espécies medicinais utilizando o ensaio FRAP. Jornal de Plantas Medicinais. 10(37): 54-60.

175. Gokbulut, A., Orhan, N., e Deliorman Orhan, D. 2017. Caracterização de compostos fenólicos, atividades inibidoras de enzimas digestivas de carboidratos e antioxidantes de *Hieracium pannosum* Boiss. Soth African Journal of Botany. 108: 387-392.

176. Gong, G., Zhao, Z., e Wu, S. 2018. Efeito de antioxidantes naturais na inibição de hidrocarbonetos aromáticos policíclicos oxigenados e parentais no pão frito chinês youtiao. Controlo Alimentar. 87: 117-125.

177. Gong, Y., Huang, X.-Y., Pei, D., Duan, W.-D., Zhang, X., Sun, X., e Di, D.-L. 2020. A aplicabilidade da cromatografia de contracorrente de alta velocidade para a separação de antioxidantes naturais. Journal of Chromatography A. 1623: 461150.

178. Goswami, S., Das, R., Ghosh, P., Chakraborty, T., Barman, A., e Ray, S. 2020. Potenciais antioxidantes e antimicrobianos comparativos de fracções de extrato sucessivo de folhas de bolbo venenoso, *Crinum asiaticum* L. Industrial Crops and Products. 154: 112667.

179. Gourama, H., e Bullerman, L. B. 1995. Efeito antimicótico e antiaflatoxigénico das bactérias do ácido lático. J Food Prot. 57: 1275-1280.

180. Gozlekci, S., Saracoglu, O., Onursal, E., e Ozgen, M. 2011. Distribuição fenólica total dos extractos de sumo, casca e sementes de quatro cultivares de romã. Revista Pharmacognosy. 7: 161-164.

181. Guan, Y., Hu, W., Jiang, A., Xu, Y., Zhao, M., Yu, J., Ji, Y., Sarengaowa, Yang, X., e Feng, K. 2020. O efeito do estilo de corte na biossíntese de fenólicos e na capacidade antioxidante celular em brócolis feridos. Food Research International. 137: 109565.

182. Guder, A., e Korkmaz, H. 2012. Avaliação das propriedades antioxidantes *in vitro* de extractos de solução hidroalcoólica *de Urtica dioica* L., Malva neglecta Wallr. e sua mistura. Iran J Pharm Res. 11(3): 913-923.

183. Gulua, L., Nikolaishvili, L., Jgenti, M., Turmanidze, T., e Dzneladze, G. 2018.

Conteúdo de polifenóis, atividade anti-lipase e antioxidante de chás feitos na Geórgia. Anais da Ciência Agrária. 16: 357-361.

184. Guo, P., Qi, Y., Zhu, X., e Wang, Q. 2015. Purificação e identificação de peptídeos antioxidantes de sementes de cereja chinesa (*Prunus pseudocerasus* Lindl.). Jornal de Alimentos Funcionais. 19(Parte A): 394-403.

185. Gupta, M., Mazumder, U. K., Kumar, T. S., Gomathi, P., e Kumar, R. S. 2004. Efeitos antioxidantes e hepatoprotectores da *Bauhinia racemosa* contra danos no fígado induzidos por paracetamol e tetracloreto de carbono em ratos. Iranian Journal of Pharmacology and Therapeutics. 3(1): 12-20.

186. Gupta, M., Mazumder, U. K., Thamilselvan, V., Manikandan, L., Senthilkumar, G. P., Suresh, R., e Kakoti, B. K. 2007. Potencial efeito hepatoprotector e papel antioxidante do extrato de metanol de *Oldenlandia umbellate* na hepatotoxicidade induzida por tetracloreto de carbono em ratos wistar. Jornal Iraniano de Farmacologia e Terapêutica. 6(1): 5-9.

187. Guthrie, F., Wang, Y., Neeve, N., Quek, S. Y., Mohammadi, K., e Baroutian, S. 2020. Recuperação de antioxidantes fenólicos da casca de kiwis verdes usando extração de água subcrítica. Processamento de Alimentos e Bioprodutos. 122: 136-144.

188. Habibi, E., Shokrzadeh, M., Ahmadi, A., Chabra, A., Naghshvar, F., e Keshvarz-Maleki, R. 2015a. Efeitos genoprotectores do *Origanum vulgare* etanólico contra a genotoxicidade induzida pela ciclofosfamida em células da medula óssea do rato. Pharm Biol. 53: 92-97.

189. Habibi, E., Shokrzadeh, M., Chabra, A., Naghshvar, F., Keshavarz-Maleki, R., e Ahmadi, A. 2015b. Efeitos protectores do extrato de etanol de *Origanum vulgare* contra a toxicidade hepática induzida pela ciclofosfamida em ratos. Pharm Biol. 53: 10-15.

190. Habinshuti, I., Mu, T.-H., e Zhang, M. 2020. Produção enzimática assistida por micro-ondas ultrassom e caraterização de peptídeos antioxidantes da proteína de batata doce. Ultrasonics Sonochemistry. 69: 105262.

191. Haddad, M., Zein, S., Shahrour, H., Hamadeh, K., Karaki, N., e Kanaan, H. 2017. Atividade antioxidante do polissacarídeo solúvel em água extraído do *eucalipto* cultivado no Líbano. Jornal do Pacífico Asiático de Biomedicina Tropical. 7(2): 157-160.

192. Halliwell, B. 1990. Como caraterizar um antioxidante biológico. Free Radical Research Communications. 9(1): 1-32.

193. Halliwell, B., e Gutteridge, J. M. 1995. A definição e medição de antioxidantes em sistemas biológicos. Free Radic Biol Med. 18(1): 125-126.

194. Hammoda, H. M., Ghazya, N. M., Harraza, F. M., Radwan, M. M., ElSohly, M. A., e Abdallah, I. I. 2013. Constituintes químicos de *Tribulus terrestris* e triagem de sua atividade antioxidante. Phytochemistry. 92: 153-159.

195. Han, J., Weng, X., e Bi, K. 2008. Antioxidantes de uma erva medicinal chinesa - *Lithospermum erythrorhizon*. Food Chemistry. 106(1): 2-10.

196. Harun, H., Daud, A., Hadju, V., Arief, C. P. P., Talebe, T., Rahma, Wahyuni, R. D., Sumarni, Miranti, Amri, I., Faris, A., e Mallongi, A. 2020. Efeito antioxidante das folhas de *Moringa oleifera* na oxidação da hemoglobina em comparação com a vitamina C. Enfermeria Clinica. 30(4): 18-21.

197. Hassan, Md. M. e Joshi, N. 2020. Efeitos hidrotérmicos em físico-químicos, sensoriais atribuídos, vitamina C e atividade antioxidante de *Dolichos lablab* imaturo congelado. Heliyon. 6: e03136.

198. He, N., Yang, X., Jiao, Y., Tian, L., e Zhao, Y. 2012. Caracterização de polissacáridos ácidos antioxidantes e atiproliferativos de frutos de wolfberry chineses. Food Chemistry. 133(3): 978-989.

199. Heibatollah, S., Reza, N. M., Izadpanah, G., et al. 2008. Efeito hepatoprotector do *Cichorium intybus* na lesão hepática induzida por CCl_4 em ratos. African J Biochem Res. 2(6): 141-144.

200. Hong, J., Chen, T.-T., Hu, P., Yang, J., e Wang, S.-Y. 2014. Purificação e caraterização de um peptídeo antioxidante (GSQ) de sementes de alho-poró chinês (*Allium tuberosum* Rottler). Jornal de Alimentos Funcionais. 10: 144-153.

201. Hosseinzadeh, H., Karimi, G. R., e Ameri, M. Efeitos dos extractos de sementes de *Anethum graveolens* L. em modelos experimentais de irritação gástrica em ratos. BMC Pharmacol. 2(1): 21-28.

202. Hosseinzadeh, M., Moayedi, A., Chodar Moghadas, H., e Rezaei, K. 2019. Propriedades nutricionais, anti-nutricionais e antioxidantes de várias espécies de amêndoas selvagens do Irão. J Agr Sci Tech. 21(2): 369-380.

203. Huang, H., Sun, Y., Lou, S., Li, H., e Ye, X. 2014. Digestão *in vitro* combinada com ensaio celular para determinar a atividade antioxidante em frutos de bayberry chinês (*Myrica rubra* Sieb. et Zucc.): Uma comparação com os métodos tradicionais. Food Chemistr. 146: 363-370.

204. Huges, M. C. B., Williams, G. M., Pageon, H., Foutanier, A., e Green, A. C. 2020. Capacidade antioxidante da dieta e fotoenvelhecimento da pele: Um estudo longitudinal de 15 anos. Jornal de Dermatologia Investigativa. DOI: 10.106/j.jid.2020.06.026

205. Ibrahim, T. A., El-Hefnawy, H. M., e El-Hela, A. A. 2010. Potencial antioxidante e teor de ácido fenólico de certas plantas cucurbitáceas cultivadas no Egito. Investigação de Produtos Naturais. 24(16): 1537-1545.

206. Ibrisham, F., Nawab, A., Niu, Y., Wang, Z., Wu, J., Xiao, M., e An, L. 2019. Os efeitos do gengibre em pó e da medicina herbal chinesa no desempenho da produção, nos metabolitos séricos e no estado antioxidante das galinhas poedeiras em condições de stress térmico. Jornal de Biologia Térmica. 81: 20-24.

207. Idris, N. A., Yasin, H. M., e Usman, A. 2019. Determinação voltamétrica e

espectroscópica de polifenóis e antioxidantes no gengibre (*Zingiber officinale* Roscoe). Heliyon. 5: e01717.

208. Iha, S. M., Migliato, K. F., Vellosa, J. C. R., Sacramento, L. V. S., Pietro, R. C. L. R., Isaac, V. L. B., et al. 2008. Estudo fitoquimico de goiaba (*Psidium guajava* L.) com potencial antioxidante para o desenvolvimento de formulacao fitocosmetica. Rev Bras Farmacogn. 18(3): 387-393.

209. Irondi, E. A., Adegoke, B. M., Effion, E. S., Oyewo, S. O., Alamu, E. O., e Boligon, A. A. 2019. Propriedade inibitória de enzimas, atividade antioxidante e perfil fenólico de grãos de sorgo vermelho cru e torrado *in vitro*. Ciência dos Alimentos e Bem-Estar Humano. 8: 142-148.

210. Jaberie, H., Momeni, S., e Nabipour, I. 2020. Avaliação da capacidade antioxidante total por um desenvolvimento de um ensaio antioxidante baseado em MnO_2 nanofolhas sintetizadas em verde. Microchemical Journal. 157: 104908.

211. Jafari, E., Andalib, S., Abed, A., Rafieian-Kopaei, M., Vaseghi, G., e Eshraghi, A. 2015. Propriedades neuroprotectoras, antimicrobianas, antioxidantes, quimioterapêuticas e antidiabéticas da *Salvia Reuterana*: Uma mini revisão. Avicenna Journal of Phytomedicine. 5(1): 10-16.

212. Jager, R., Purpura, C. M., e Kerksick, C. M. 2019. Oito semanas de uma dose alta de suplementação de curcumina podem atenuar as diminuições de desempenho após exercícios que danificam os músculos. Nutrientes. 11(7).

213. Jang, H.-D., Chang, K.-S., Huang, Y.-S., Hsu, C.-L., Lee, S.-H., e Su, M.-S. 2007. Principais fitoquímicos fenólicos e actividades antioxidantes de três plantas medicinais chinesas. Food Chemistry. 103(3): 749-756.

214. Javanmardi, J., Stushnoff, C., Locke, E., e Vivanco, J. M. 2003. Atividade antioxidante e conteúdo fenólico total de acessos iranianos *de Ocimum*. Food Chemistry. 83(4): 547-550.

215. Jeyakumar, N., Narayanasamy, B., Balasubramanian, D., e Viswanathan, K. 2020. Caracterização e efeito do aditivo antioxidante *Moringa Oleifera* Lam. na estabilidade de armazenamento do biodiesel de Jatropha. Fuel. 281: 118614.

216. Jayasri, M. A., Mathew, L., e Radha, A. A. 2009. Um relatório sobre a atividade antioxidante das folhas e rizomas de *Costus pictms*. International J Integrative Biol. 5(1): 1-7.

217. Ji, J., Yang, X., Flavel, M., Shields, Z. P.-I., e Kitchen, B. 2019. Funções antioxidantes e antidiabéticas de um extrato de cana-de-açúcar rico em polifenóis. Jornal do Colégio Americano de Nutrição. 38(8): 670-680.

218. Jia, L.-E., Liu, S., Duan, X.-M., Zhang, C., Wu, Z.-H., Liu, M.-C., Guo, S.-G., Zuo, J.-H., e Wang, L.-B. 2017. O tratamento com 6-benzilaminopurina mantém a qualidade do cebolinho chinês (*Allium tuberosum* Rottler ex Spreng.), aumentando a atividade das enzimas antioxidantes. Jornal de Agricultura Integrativa. 16(9): 1968-1977.

219. Jiang, Y., Ng, T. B., Wang, R., Li, N., Wen, T. Y., Qiao, W. T., Zhang, D., Chen, Z. H., e Liu, F. 2010. Primeiro isolamento de triptofano de rizomas de lótus comestíveis (*Nelumbo nucifera Gaertn*) e demonstração dos seus efeitos antioxidantes. Jornal Internacional de Ciências Alimentares e Nutrição. 61(4): 36-356.

220. Jiang, X., Zhang, B., Lei, M., Zhang, J., e Zhang, J. 2019. Análise da composição de nutrientes e caraterísticas antioxidantes nos rebentos tenros do toon chinês colhidos em diferentes condições. LWT. 109: 137-144.

221. Jiang, B., Chen, H., Zhao, H., Wu, W., e Jin, Y. 2020. Caraterísticas estruturais e comportamento antioxidante de ligninas sucessivamente extraídas de cascas de ginkgo (*Ginkgo biloba* L.). Jornal Internacional de Macromoléculas Biológicas. 163: 694-701.

222. Jin, L., Li, X.-B., Tian, D.-Q., Fang, X.-P., Yu, Y.-M., Zhu, H.-Q., Ge, Y.-Y., Ma, G.-Y., Wang, W.-Y., Xiao, W.-F., e Li, M. 2016. Propriedades antioxidantes e parâmetros de cor dos chás de ervas na China. Culturas e produtos industriais. 87: 198-209.

223. Jing, P., Ye, T., Shi, H., Sheng, Y., Slavin, M., Gao, B., Liu, L., e Yu, L. 2012. Propriedades antioxidantes e composição fitoquímica de sementes de romã cultivadas na China. Food Chemistry. 132(3): 1457-1464.

224. Jitvaropas, R., Saenthaweesuk, S., Somparn, N., Thuppia, A., Sireeratawong, S., e Phoolcharoen, W. 2012. Atividades antioxidantes, antimicrobianas e de cicatrização de feridas de *Boesenbergia rotunda*. Comunicações de produtos naturais. 7(7): 909-912.

225. Jorge, M. P., Madjarof, C., Ruiz, A. L. T. G., Fernandes, A. T., Rodrigues, R. A. F., et al. 2008. Avaliação das propriedades cicatrizantes do extrato *de Arrabidaea chica* Verlot. J Ethnopharmacol. 118: 361-366.

226. Juan-Badaturuge, M. Habtemariam, S., Jackson, C., e Thomas, M. J. K. 2009. Princípios antioxidantes das partes aéreas *de Tanacetum vulgare* L.. Natural Prodct Communcations. 4(11): 1561-1564.

227. Juarez-Gomez, J., Ramirez-Silva, M. T., Guzman-Hernandez, D. S., Romero-Romo, M., e Palomar-Pardave, M. 2020. Novo método eletroquímico para avaliar a capacidade antioxidante de infusões e bebidas, baseado na formação *in situ* de radicais superóxidos livres. Food Chemistry. 332: 127409.

228. Kalisz, S., Oszmianski, J., Kolniak-Ostek, J., Grobelna, A., Kieliszek, M., e Cendrowski, A. 2020. Efeito de uma variedade de compostos polifenólicos e propriedades antioxidantes do ruibarbo (*Rheum rhabarbarum*). LWT- Ciência e Tecnologia Alimentar. 118: 108775.

229. Kam, A., Li, K. M., Razmovski-Naumovski, V., Nammi, S., Chan, K., e Li, G. Q. 2013. Variabilidade do conteúdo polifenólico e capacidade antioxidante de extractos metanólicos de casca de romã. Comunicações de produtos naturais. 8(6):

707-710.

230. Kamkar, A., Javan, A. J., Asadi, F., et al. 2010. O efeito antioxidante dos extractos *de Menthe pulegium* iraniano e do óleo essencial em óleo de girassol. Food Chem Toxicol. 48(7): 1796-1800.

231. Kar, P., Dutta, S., Chakraborty, A. K., Roy, A., Sen, S., Kumar, A., Lee, J., Chaudhuri, T. K., e Sen, A. 2019. Os princípios ativos ricos em antioxidantes de *Clerodendrum* sp. controla o dano hepático induzido por xenobióticos haloalcanos em modelo murino. Jornal Saudita de Ciências Biológicas. 26: 1539-1547.

232. Karthika, K., Gargi, G., Jamuna, S., Paulsamy, S., Ali, M. A., Al-Hemaid, F., Elshikh, M. S., e Lee, J. 2019. O potencial da atividade antioxidante do extrato metanólico de *Coscinium fenestratum* (Goetgh.) Colebr (Menispermaceae). Jornal Sauid de Ciências Biológicas. 26: 1037-1042.

233. Karuna, D. S., Dey, P., Das, S., Kundu, A., e Bhakta, T. 2018. Actividades antioxidantes in vitro do extrato de raiz de *Asparagus racemosus* Linn. Jornal de Medicina Tradicional e Complementar. 8: 60-65.

234. Kashani, D., Rasooli, I., Sharafi, S. M., Rezaee, M. B., Jalali Nadoushan, M. R., e Owlia, P. 2010. Caraterísticas fitobiológicas do extrato *de Rosa hemisphaerica* Herrm. Jornal de Plantas Medicinais. 9(6): 97-106.

235. Kaskoos, R. A., e Amin, S., et al. 2009, Composição química do óleo fixo de *Olea europaea* Drupes. Res J Medicinal Plant. 3(4): 146-150.

236. Kaur, G. L., e Arora, D. S. 2009. Triagem antibacteriana e fitoquímica de *Anethum graveolens*, *Foeniculum vulgare* e *Trachyspermum ammi*. BMC Complement Altern Med. 9(1): 30-39.

237. Kaur, P., Chaudhary, A., Singh, B., e Gopichand. 2012. Uma extração eficiente assistida por micro-ondas de compostos fenólicos e potencial antioxidante de *Ginkgo biloba*. Natural Product Communications. 7(2): 203-206.

238. Kedage, V. V., Tilak, J. C., Dixit, G. B., Devasagayam, T. P. A., e Mhatre, M. 2007. Um estudo das propriedades antioxidantes de algumas variedades de uvas (*Vitis vinifera* L.). Critical Reviews in Food Sciences and Nutrition. 47(2): 175-185.

239. Keddar, M. N., Ballesteros-Gomez, A., Amiali, M., Siles, M. A., Zerrouki, D., Martin, M. A., e Rubio, S. 2020. Extração eficiente de antioxidantes hidrofílicos e lipofílicos de microalgas com solventes superamoleculares. Tecnologia de Separação e Purificação. 251: 117327.

240. Kekana, T. W., Marume, U., Muya, M. C., e Nherera-Chokuda, F. V. 2020. Enzimas antioxidantes periparturientes, perfil hematológico e produção de leite de vacas leiteiras suplementadas com farinha de folhas de *Moringa oleifera*. Animal Feed Science and Technology. 268: 114606.

241. Kelkel, M., Schumacher, M, Dicato, M., e Diederich, M. 2011. Propriedades antioxidantes e anti-proliferativas do licopeno. Investigação sobre radicais livres. 45(8): 925-940.

242. Kerkel, F., Brock, D., Touraud, D., e Kunz, W. 2021. Estabilização de biocombustíveis com antioxidantes naturais hidrofílicos solubilizados por derivados de glicerol. Fuel. 284: 119055.
243. Keshari, A. K/, Srivastava, R., Singh, P., Yadav, V. B., e Nath, G. 2020. Atividade antioxidante e antibacteriana de nanopartículas de prata sintetizadas por *Cestrum nocturnum*. Jornal de Ayurveda e Medicina Integrativa. 11: 37-44.
244. Khajehdehi, P. 2012. Cúrcuma: reemergência de um remédio tradicional asiático negligenciado. J Nephropathol. 1(1): 17-22.
245. Khaki, M., Sahari, M. A., e Barzegar, M. 2012. Avaliação dos efeitos antioxidantes e antimicrobianos do óleo essencial de camomila (*Matricaria chamomilla* L.) no prazo de validade do bolo. Jornal de Plantas Medicinais. 11(43): 9-18.
246. Khalighi-Sigaroodi, F., Ahvazi, M., Yazdani, D., e Kashefi, M. 2012. Citotoxicidade e atividade antioxidante de cinco espécies de plantas da família Solanaceae do Irão. Jornal de Plantas Medicinais. 11(43): 41-53.
247. Khalili, M., Hasanloo, T., Kazemi Tabar, S. K., e Sepehrifar, R. 2010. Efeito do ácido salicílico na atividade antioxidante em culturas de raízes peludas de cardo mariano. Jornal de Plantas Medicinais 9(35): 51-60.
248. Khanahmadi, M., e Rezazadeh, Sh. 2010. Revisão sobre plantas medicinais iranianas com propriedades antioxidantes. Jornal de Plantas Medicinais. 9(35): 19-32.
249. Kim, S., Jo, K., Byun, B. S., Han, S. H., Yu, K.-W., Suh, H. J., e Hong, K.-B. 2020. Propriedades químicas e biológicas dos extractos *de Dendrobium officinale* inchados: Avaliação das actividades antioxidante e anti-fadiga. Journal of Functional Foods. 73: 104144.
250. Kiyekbayeva, L., Mohamed, N. M., Yerkebulan, O., Mohamed, E. I., Ubaidilla, D., Nursulu, A., Assem, M., Srivedavyasasri, R., e Ross, S. A. 2018. Constituintes fitoquímicos e atividade antioxidante de *Echinops albicaulis*. Pesquisa de produtos naturais. 32(10): 1203-1207.
251. Kolawole, A. O., Olaleye, M. T., e Ajele, J. O. 2007. Propriedades antioxidantes e atividade inibidora da glutationa S-transferases do extrato de folhas de *Alchornea cordifolia* na lesão hepática induzida por acetaminofeno. Jornal Iraniano de Farmacologia e Terapêutica. 6(1): 63-66.
252. Kossah, R., Zhang, H., e Chen, W. 2011. Actividades antimicrobianas e antioxidantes do extrato de fruta de sumagre chinês (*Rhus typhina* L.). Controlo Alimentar. 22: 128-132.
253. Krishna, H., Singh, D., Singh, R. S., Kumar, L., Sharma, B. D., e Saroji, P. L. 2020. Caraterísticas morfológicas e antioxidantes dos genótipos de amoreira (*Morus* spp.). Jornal da Sociedade Saudita de Ciências Agrícolas. 19: 136-145.
254. Kruzselyi, D., Moricz, A. M., e Vetter, J. 2020. Comparação de diferentes

partes morfológicas de cogumelos com base na atividade antioxidante. LWT-Ciência e Tecnologia Alimentar. 127: 109436.

255. Kukric, Z., Topalic-Trivunovic, L., Kukavica, B., et al. 2012. Caracterização das actividades antioxidantes e antimicrobianas das folhas de urtiga (*Urtica dioica* L.). Ata Per Tech. 43(43): 257-272.

256. Kumar, G., Jalaluddin, M., Rout, P., Mohanty, R., e Dileep, C. L. 2013. Tendências emergentes de cuidados à base de plantas em odontologia. J Clin Diagn Res. 7(8): 1827-1829.

257. Kumar, S., Yadav, M., Yadav, A., e Yadav, J. P. 2017a. Impacto das condições espaciais e climáticas na diversidade fitoquímica e na atividade antioxidante *in vitro* do *Aloe vera* indiano (L.) Burm. F. S Afri J Bot. 111: 50-59.

258. Kumar, S., Yadav, A., Yadav, M., e Yadav, J. P. 2017b. Efeito das alterações climáticas na diversidade fitoquímica, conteúdo fenólico total e atividade antioxidante *in vitro* de *Aloe vera* (L.) Burm. F. BMC Res Notes. 10(1): 1-12.

259. Kuo, C.-T., Liu, T.-H., Hsu, T.-H., Lin, F.-Y., e Chen, H.-Y. 2015. Propriedades antioxidantes e antiglicação de diferentes extractos de solventes de frutos de azeitona chinesa (*Canarium album* L.). Jornal de Medicina Tropical da Ásia-Pacífico. 8(12): 1013-1021.

260. Lan, W., Zhaojun, Z., e Zesheng, Z. 2007. Caracterização da atividade antioxidante do extrato *de Flos Lonicerae*. Desenvolvimento de Medicamentos e Farmácia Industrial. 33(8): 841-847.

261. Lara, M., Gutierrez, J., Timon, M., et al. 2011. Avaliação de dois extratos naturais (*Rosmarinus officinalis* L. e *Melissa officinalis* L.) como antioxidantes em hambúrgueres de porco cozidos embalados em MAP. Meat Sci. 88(3): 481-488.

262. Lee, Y. H., Choo, C., e Waisundara, V. Y. 2016. Propriedades antioxidantes e inibidoras da hidrolase de amido de extractos da erva antidiabética *Pterocarpus marsupium*. Jornal de Ciências Vegetais de Israel. 63(2): 124-133.

263. Leite, K. C. D. S., Garcia, L. F., Lobon, G. S., Thomaz, D. V., Moreno, E. K. G., Carvalho, M. F. D., Rocha, M. L., Santos, W. T. P. D., e Gil, E. D. S. 2018. Avaliação da atividade antioxidante de extratos secos: uma abordagem eletroanalítica. Revista Brasileira de Farmacognosia. 28: 325-332.

264. Lena, M. G., Philip, J. B., e Chee, S. Y. 2003. Exame da atividade antioxidante das infusões de folhas de *Ginkgo biloba*. Food Chemistry. 82: 275-282.

265. Leporini, L., Menghini, L., Foddai, M., Petretto, G. L., Chessa, M., Tirillini, B., e Pintore, G. 2015. Atividade antioxidante e antiproliferativa do extrato etanólico de *Stachys glutinosa* L.. Pesquisa de produtos naturais. 29(10): 899-907.

266. Li, J.-W., Ding, S.-D., e Ding, X.-L. 2005. Comparação das capacidades antioxidantes de extractos de cinco cultivares de jujuba chinesa. Process Biocheistry. 40(11): 3607-3613.

267. Li, X., Chen, D., Mai, Y., Wen, B., e Wang, X. 2012. Concordância entre

atividades antioxidantes in vitro e componentes químicos de *Radix Astragali* (Huangqi). Pesquisa de Produtos Naturais. 26(11): 1050-1053.

268. Li, X., Chen, W., e Chen, D. 2013. Efeito protetor contra danos ao DNA induzidos por hidroxila e atividade antioxidante de *Radix Glycyrrhizae* (raiz de alcaçuz). Boletim Farmacêutico Avançado. 3(1): 167-173.

269. Li, T., Zhang, H., e Wu, C.-E. 2014. Triagem das atividades antioxidantes e antitumorais dos principais ingredientes das sementes *de Camellia oleifera* desengorduradas. Ciência dos Alimentos e Biotecnologia. 23: 873-880.

270. Li, X., Wasila, H., Liu, L., Yuan, T., Gao, Z., Zhao, B., e Ahmad, I. 2015. Caraterísticas físico-químicas, composições de polifenóis e potencial antioxidante de sucos de romã de 10 cultivares chinesas e análise de fatores ambientais. Química Alimentar. 175: 575-584.

271. Li, Q., Tu, Y., Zhu, C., Luo, W., Huang, W., Liu, W., e Li, Y. 2017. Colinesterase, capacidades inibitórias e antioxidantes da agregação *β-amiloide* de plantas medicinais chinesas. Culturas e produtos industriais. 108: 512-519.

272. Li, F.-X., Li, F.-H., Yang, Y.-X., Ran, Y., e Jian, M. 2019. Comparação de perfis fenólicos e atividades antioxidantes em peles e polpas de onze cultivares de uva. (*Vitis vinifera* L.). Jornal de Agricultura Integrativa. 18(5): 1148-1158.

273. Li, M., Chen, Z., Deng, J., Ouyang, D., Wang, D., Liang, Y., Chen, Y., e Sun, Y. 2020. Efeitos do processamento térmico em compostos fenólicos livres e ligados e atividades antioxidantes do espinheiro. Food Chemistry. 332: 127429.

274. Li, W., Zhang, X., He, Z., Chen, Y., Li, Z., Meng, T., Li, Y., e Cao, Y. 2020. Atividade antioxidante *in vitro* e *in vivo* do extrato de polifenóis de folhas de eucalipto e seu efeito na qualidade da carne de frango e na microbiota do ceco. Food Research International. 136: 109302.

275. Li, T., Wu, C.-E., Meng, X., Fan, G., Cao, Y., Ying, R., e Tang, Y. 2020. Caracterização estrutural e atividade antioxidante de uma glicoproteína isolada de sementes *de Camellia oleirfera* Abel contra o estresse oxidativo induzido por D-galactose em camundongos. Journal of Functional Foods. 64: 103594.

276. Li, P., Yang, X., Lee, W. J., Huang, F., Wang, Y., e Li, Y. 2021. Comparação entre antioxidantes sintéticos e à base de alecrim para a fritura de batatas fritas em óleos de soja refinados avaliados por métodos químicos e rápidos não destrutivos. Food Chemistry. 335: 127638.

277. Liang, L.-L., Cai, S.-Y., Gao, M., Chu, X.-M., Pan, X.-Y., Gong, K.-K., Xiao, C.-W., Chen, Y., Zhao, Y.-Q., Wang, B., e Sun, K.-L. 2020. Purificação de peptídeos antioxidantes de sementes de Moringa oleifera e seus efeitos protetores em H O_{22} células hepáticas de Chang danificadas por oxidação. Journal of Functional Foods. 64: 103698.

278. Liao, H., Banbury, L. K., e Leach, D. N. 2008. Atividade antioxidante de 45 ervas chinesas e a relação com suas caraterísticas TCM. eCAM. 5(4): 429-434.

279. Lim, B. S., Ramos, C. S., Santos, J. P. A., Rabelo, T. K., Serafini, M. R., Souza, C. A. S., et al. 2015. Desenvolvimento de solução extrativa padronizada *de Lippia sidoides* por delineamento fatorial e seu perfil de ativos edox. Rev Bras Farmacogn. 25(3): 301-306.

280. Lima, A. P., dos Santos, W. T. P., Nossol, E., Richter, E. M., e Munoz, R. A. A. 2020. Avaliação crítica de técnicas voltamétricas para capacidade e atividade antioxidante: A presença de alumina nos eléctrodos de carbono vítreo altera os resultados. Electrochimica Ata. 358: 136925.

281. Lin, H.-H., Charles, A. L., Hseih, C.-W., Lee, Y.-C., e Ciou, J.-Y. 2015. Efeitos antioxidantes de 14 ervas medicinais tradicionais chinesas contra a oxidação da lipoproteína de baixa densidade humana. Jornal de Medicina Tradicional e Complementar. 5: 51-55.

282. Ling, J. K. U., Ho, B. K., Chan, Y. S., Nandong, J., e Chin, S. F. 2020. Formulação de solvente eutético profundo natural de cloreto de colina / ácido ascórbico: Caracterização, capacidade de solubilização e propriedade antioxidante. LWT. DOI: 10.1016/j.lwt.2020.110096

283. Liu, X., Zhao, M., Wang, J., Yang, B., e Jiang, Y. 2008. Atividade antioxidante do extrato metanólico de frutos de emblica (*Phyllanthus emblica* L.) de seis regiões da China. Jornal de Composição e Análise de Alimentos. 21(3): 219-228.

284. Liu, L., Zhao, Y.-F., Han, W.-H., Chen, T., Hou, G.-X., e Tong, X.-Z. 2016. Efeito protetor do antioxidante nos danos renais causados pela quimioterapia com doxorrubicina em ratos com cancro hepático. Jornal do Pacífico Asiático de Medicina Tropical. 9(11): 1101-1104.

285. Liu, Y., Huang, G., e Hu, J. 2018. Extração, caraterização e atividade antioxidante de polissacarídeos da melancia chinesa. Jornal Internacional de Macromoléculas Biológicas. 111: 1304-1307.

286. Liu, Y., Li, Y., Ke, Y., Li, C., Zhang, Z., Liu, A., Luo, Q., Lin, B., He, J., e Wu, W. 2021. Processamento de quatro métodos de cozimento diferentes de *Oudemansiella radicata*: Efeitos na bioacessibilidade in vitro de nutrientes e atividade antioxidante. Food Chemistry. 337: 128007.

287. Lobo, F. A., Nascimento, M. A., Domingues, J. R., Falcão, D. Q., Hernanz, D., Heredia, F. J., e Araujo, K. G. D. L. 2017. Secagem em esteira de espuma de manga Tommy Atkins: Efeitos da temperatura do ar e das concentrações de lecitina de soja e carboximetilcelulose na composição fenólica, mangiferina e capacidade antioxidante. Food Chemistry. 221: 258-266.

288. Lopes, M. M. A., Alcantara de Miranda, M. R., Moura, C. F. H., e Filho, J. E. 2012. Compostos bioativos e capacidade antioxidante total de aplicações de caju (*Anacardium occidentale* L.). Cienc. Agrotec. 36(3): 325-332.

289. Lu, M., Yuan, B., Zeng, M., e Chen, J. 2011. Capacidade antioxidante e principais compostos fenólicos de especiarias comummente consumidas na China.

Food Research International. 44(2): 530-536.

290. Lu, Y.-H., Tian, C.-R., Gao, C.-Y., Wang, X.-Y., Yang, X., Chen, Y.-X., e Liu, Z.-Z. 2019. Perfil fenólico, atividades antioxidantes e inibitórias de enzimas de *Ottelia acuminata*, uma planta endêmica do sudoeste da China. Culturas e produtos industriais. 138: 111423.

291. Luan, Z.-J., Li, P.-P., Li, D., Meng, X.-P., e Sun, J. 2020. Otimização da extração supercrítica-CO_2 do óleo de semente de *Iris lacteal*: Análise de componentes e atividade antioxidante do óleo. Culturas e produtos industriais. 152: 112553.

292. Ma, J., Zhang, Q., Chen, S., Fang, B., Yang, Q., Cheng, C., et al. 2013. A disfunção mitocondrial promove a migração de células de câncer de mama e a invasão através do acúmulo de HIF1α por meio do aumento da produção de espécies reativas de oxigênio. PLOS ONE. 8(7): e69485.

293. Ma, Q., Zhao, Y., Wang, H.-L., Li, J., Yang, Q.-H., Gao, L.-C., Murat, T., e Feng, D.-L. 2020. Estudo comparativo dos efeitos do trigo sarraceno por torrefação: Propriedades antioxidantes, nutrientes, pastagens e propriedades térmicas. Journal of Cereal Science. 95: 103041.

294. Magro, A. E. A., e de Castro, R. J. S. 2020. Efeitos da fermentação em estado sólido e dos solventes de extração nas propriedades antioxidantes das lentilhas. Biocatálise e Biotecnologia Agrícola. 28: 101753. DOI: 10.1016/j.bcab.2020.101753

295. Mahboubi, M., e Ghazian Bidgoli, F. 2010. Eficácia sinérgica in vitro da combinação de anfotericina B com óleo essencial *de Myrtus communis* contra isolados clínicos de *Candida albicans*. Fitomedicina. 17(10): 771-774.

296. Mahboubi, M. 2016. Atividade antimicrobiana e antioxidante de extratos *de Varthemia persica* DC. Jornal de Produtos Biologicamente Activos da Natureza. 6(1): 78-83.

297. Mahieddine, B., Amina, B., Faouzi, S. M., Sana, B., e Wided, D. 2018. Efeitos do aquecimento por micro-ondas nas atividades antioxidantes do tomate (*Solanum lycopersicum*). Anais de Ciências Agrárias. 63: 135-139.

298. Maiolino, G., Rossitto, G., Caielli, P., Bisogni, V., Rossi, G. P., e Calo, L. A. 2013. O papel das lipoproteínas oxidadas de baixa densidade na aterosclerose: os mitos e os factos. Mediat Inflamm. 2013(3): 714653.

299. Makanjuola, S. A., Enujiugha, V. N., Omoba, O. S., e Sanni, D. M. 2020. Modelação e previsão das propriedades antioxidantes da folha de chá (*Camellia sinensis* (L.) Kuntze). Scientific African. 8: e00455.

300. Marmitt, D. J., Bitencourt, S., Silva, A. C., Crempel, C., e Goettert, M. I. 2018. As propriedades curativas das plantas medicinais utilizadas no sistema público brasileiro: uma revisão sistemática. J Wound Care. 27: S4-S13.

301. Marmitt, D. J., Bitencourt, S., da Silva, G. R., Crempel, C., e Goettert, M. I. 2020. As plantas RENISUS e os seus potenciais efeitos antitumorais em ensaios clínicos e patentes registadas. Nutrit Cancer. 72: 1-28.

302. Mason, S. A., Trewin, A. J., Parker, L., e Wadley, G. D. 2020. Suplementos antioxidantes e exercício de resistência: Current evidence and mechanistic insights. Redox Biology. 35: 101471.

303. Mazidi, S., Rezaei, K., Golmakani, M. T., Sharifan, A., e Rezazadeh, Sh. 2012. Atividade antioxidante do óleo essencial de zira preta (*Bunium persicum* Boiss.) obtido por hidrodestilação assistida por micro-ondas. J Agr Sci Tech. 14: 1013-1022.

304. McKay, D. L., e Blumberg, J. B. 2006. A review of the bioactivity and potential health benefits of chamomile tea (*Matricaria recutita* L.). Jornal de Wiley Interscience. 20: 519-530.

305. Mehdi, W. A., Yusof, F., Farhan, L. O., Mehde, A. A., e Raus, R. A. 2017. Níveis de enzimas antioxidantes e protease alcalina da polpa e da casca do girassol. Jornal do Pacífico Asiático de Biomedicina Tropical. 7(6): 533-537

306. Mei, Y., Sun, H., Du, G., Wang, X., e Lyu, D. 2020. O ácido clorogénico exógeno alivia o stress oxidativo nas folhas de maçã, aumentando a capacidade antioxidante. Scientia Horticulturae. 274: 109676.

307. Meng, L., Zhu, J., Ma, Y., Sun, X., Li, D., Li, L., Bai, H., Xin, G. e Meng, X. 2019. Composição e atividade antioxidante das antocianinas de *Aronia melanocarpa* cultivadas em Haicheng, Liaoning, China. Biociência Alimentar. 30: 100413.

308. Meng, D.-F., Guo, L.-L., Peng, L.-X., Zheng, L.-S, Xie, P., Mei, Y., Li, C.-Z., Peng, X.-S., Lang, Y.-H., Liu, Z.-J., Wang, M.-D., Xie, D.-H., Shu, D.-T., Hu, Hao, Lin, S.-T., Li, H.-F., Luo, F.-F., Sun, R., Huang, B.-J., e Qian, C.-N. 2020. Antioxidantes suprimem a apoptose induzida por radiação através da inibição da via MAPK em células de carcinoma nasofaríngeo. Biochemical and Biophysical Research Communications. 527: 770-777.

309. Michielin, E. M. Z., de Lemos Wiese, L. P., Wiese, E. A., Ferreira, R. C., e Pedrosa, S. R. S. 2011. Atividade de eliminação de radicais de extratos de *Cordia verbenacea* DC obtidos por diferentes métodos. J Supercrit Flu. 56(1): 89-96.

310. Minateli, M. M., Del-Vechio-Vieira, G., Yamamoto, C. H., Araujo, A. L. S. M., Rodarte, M. P., Alves, M. S., et al. 2016. Conteúdo fitoquímico e propriedades biológicas de *Vernonia polyanthes* Less. Int J Pharm Sci Res. 60: 1427-1436.

311. Miranda Pedroso, T. F. D., Bonamigo, T. R., Silva, J. D., Vasconcelos, P., Felix, J. M., Cardoso, C. A. L., Souza, R. I. C., Santos, A. C. D., Volobuff, C. R. F., Formagio, A. S. N., e Trichez, V. D. K. 2019. Constituintes químicos de *Cochlospermum regium* (Schrank) Pilg. raiz e seus efeitos antioxidantes, antidiabéticos, antiglicação e anticolinesterase em ratos wistar. Biomedicina e Farmacoterapia. 111: 1383-1392.

312. Miricescu, D., Greabu, M., Totan, A., Didilescu, A., e Radulescu, R. 2011. O potencial antioxidante da saliva: significado clínico em doenças orais. Ther Pharmacol Clin Toxicol. 15(2): 139-143.

313. Mirshafiey, A., e Mohsenzadegan, M. 2009. Terapia antioxidante na esclerose múltipla. Immunopharmacology and Immunotoxicology (Imunofarmacologia e Imunotoxicologia). 31(1): 13-29.

314. Modzelewska, A., Sur, S., Kumar, K. S., e Khan, S. R. 2005. Sesquiterpenos: produtos naturais que diminuem o crescimento do cancro. Curr Med Chem. 54: 477-499.

315. Moein, S., e Moein, R. 2010. Relação entre propriedades antioxidantes e fenólicos em *Zhumeria majdae*. J Medicinal Plants Res. 4(7): 517-521.

316. Mohammad, N. A., Zaidel, D. N. A., Muhamad, I. I., Hamid, M. A., Yaakob, H., e Jusoh, Y. M. M. 2019. Otimização do extrato de xantona rico em antioxidantes do pericarpo do mangostão (*Garcinia mangostana* L.) via extração assistida por micro-ondas. Heloyon. 5: e02571.

317. Mohammadi, S., Piri, K., e Dinarvand, M. 2019. Efeitos antioxidantes e antibacterianos de algumas plantas medicinais do Irão. Jornal Internacional de Metabolito Secundário. 6(1): 62-78.

318. Molan, A. L., De, S., e Meagher, L. 2009. Antioxidant activity and polyphenol content of green tea flavan-3-ols and oligomeric proanthocyanidins. Jornal Internacional de Ciências Alimentares e Nutrição. 60(6): 497-506.

319. Monsefi, M., Ghasemi, M., e Bahaoddini, A. 2006. Os efeitos de *Anethum graveolens* L. no sistema reprodutor feminino. Phytother Res. 20(10): 865-868.

320. Mousavinejad, G., Emam-Djomeh, Z., Rezaei, K., e Khodaparast, M. H. H. 2009. Identificação e quantificação de compostos fenólicos e seus efeitos na atividade antioxidante em sumos de romã de oito cultivares iranianas. Food Chemistry. 115(4): 1274-1278.

321. Muhammad, H., Qasim, M., Ikram, A., Versiani, M. A., Tahiri, I. A., Yasmeen, K., Abbasi, M. W., Azeem, M., Ali, S. T., e Gul, B. 2020. Actividades antioxidantes e antimicrobianas da raiz de *Ixora coccinea* e quantificação de compostos fenólicos por HPLC. South African Journal of Botany. 135: 71-79.

322. Muhammad, D. R. A., Tuenter, E., Patria, G. D., Foubert, K., Pieters, L., e Dewettinck, K. 2021. Composição fitoquímica e atividade antioxidante dos extratos *de Cinnamomum burmannii* Blume e sua potencial aplicação no chocolate branco. Food Chemistry. 340: 127983.

323. Mukthamba, P., e Srinivasan, K. 2017. As sementes dietéticas de feno-grego (*Trigonella foenum-graecum*) e alho (*Allium sativum*) aliviam o stress oxidativo na infração experimental do miocárdio. Food Sci Hum Wellness. 6: 77-87.

324. Murugan, M., Rajendran, K., Velmurugan, T., Muthu, S., Gundappa, M., e Thangavel, S. 2020. Potências antagonistas e antioxidantes dos extractos *de Centrosema pubescens* benth contra agentes patogénicos de infecções nosocomiais. Biocatálise e Biotecnologia Agrícola. DOI: 10.1016/j.bcab.2020.101776

325. Murugesu, S., Perumal, V., Balan, T., Fatinanthan, S., Khatib, A., Arifin, N.

J., Shukri, N. S. S. M., Saleh, M. S. M., e Hin, L. W. 2020. A investigação das actividades antioxidantes e antidiabéticas dos extractos de folhas de *Christia vespertilionis*. South African Journal of Botany. 133: 227-235.

326. Muthukrishnan, S., Senthil Kumar, T., Gangaprasad, A., Maggi, F., e Rao, M. V. 2018. Análise fitoquímica, atividade antioxidante e antimicrobiana de plantas selvagens e derivadas *in vitro* de *Ceropegia thwaitesii* Hook- Uma espécie endêmica de Western Ghats, Índia. Journal of Genetic Engineering and Biotechnology. 16: 621-630.

327. Naghdi Badi, H., Sorooshzadeh, A., Sharifi, M., Ghalavand, A., Saadat, S., e Rezazadeh, Sh. 2009. Respostas bioquímicas e antioxidantes de plântulas de borragem em ambientes salinos. Jornal de Plantas Medicinais. 8(5): 13-23.

328. Nascimento, P., Silva, T., Gomes, J., Silva, M., Souza, S., Falcao, R., Silva, T., e Moreira, K. 2015. Propriedades antioxidantes e antimicrobianas do extrato etanólico das vagens *de Libidibia ferea*. Rev Fitos. 9(3): 207-216.

329. Nasri, H., e Rafieian-Kopaei, M. 2014. Metforming e doença renal diabética: uma mini-revisão sobre descobertas recentes. Iran J Pediatr. 24(5): 565-568.

330. Negm, N. A., Abou Kana, M. T. H., Abubshait, S. A., e Betiha, M. A. 2020. Eficácia do biopolímero de quitosana e seus derivados durante aplicações antioxidantes. Jornal Internacional de Macromoléculas Biológicas. 164: 1342-1369.

331. Negri, M. L. S., Negri, J. C., Possamai, J. C., e Nakashima, T. 2009. Atividade antioxidante das folhas de espinheira-santa-Maytenus ilicifolia Mart. Ex Reiss., secas em diferentes temperaturas. Rev Bras Farmacogn. 19(2): 553-556.

332. Newman, D. J., e Cragg. G. M. 2020. Produtos naturais como fontes de novos medicamentos ao longo das quase quatro décadas de 01/1981 a 09/2019, J. Nat. Prod. 83: 770-803.

333. Newsholme, P., Cruzat, V. F., Keane, K. N., Carlessi, R., e de Bittencourt, P. I. Jr. 2016. Mecanismo molecular da produção de ROS e stress oxidativo na diabetes. Biochem J. 473(24): 4527-4550.

334. Ngoua-Meye-Misso, R.-L., Sima-Obiang, C., Ndong, J. D. L. C., Ondo, J. P., Ovono, A. F., e Obame-Engonga, L.-C. . Rastreio fitoquímico, actividades antioxidante, anti-inflamatória e antiangiogénica da planta medicinal *Lophira procera* A. Chev. (Ochnaceae) do Gabão. Jornal Egípcio de Ciências Básicas e Aplicadas. 5: 80-86.

335. Nguyen, T. M. H., Le, H. L., Ha, T. T., Bui, B. H., Le, N. T., Nguyen, V. H., e Nguyen, T. V. A. 2020. Efeito inibitório da agregação e coagulação plaquetária humana e atividade antioxidante do rizoma de *C. edulis* Ker Gawl e seus metabólitos secundários. Journal of Ethnopharmacology. 263: 113136.

336. Nibir, Y. M., Sumit, A. F., Akhand, A. A., Ahsan, N., e Hossain, M. S. 2017. Avaliação comparativa dos polifenóis totais, atividade antioxidante e antimicrobiana de diferentes variedades de chá do Bangladesh. Jornal do Pacífico Asiático de

Biomedicina Tropical. 7(4): 352-357.

337. Nipate, S. S., e Tiwari, A. H. 2020. Propriedades antioxidantes e imunomoduladoras de *Spilanthes oleracea* com efeito potencial na enfermidade da síndrome da fadiga crónica. Jornal de Ayurveda e Medicina Integrativa. 11: 124-130.

338. Nndwammbi, M., Ligavha-Mbelengwa, M. H., Anokwuru, C. P., e Ramaite, I. D. I. 2018. Os efeitos do descascamento sazonal na estrutura física, conteúdo polifenólico e atividades antibacterianas e antioxidantes de *Sclerocarya birrea* na reserva natural de Nylsvley. Jornal Sul-Africano de Botânica. 118: 138-142.

339. Noon, J., Mills, T. B., e Norton, I. T. 2020. A utilização de antioxidantes naturais para combater a oxidação lipídica em emulsões O/W. Journal of Food Engineering. 281: 110006.

340. Norani, M., Ebadi, M.-T., e Ayyari, M. 2019. Constituintes voláteis e capacidade antioxidante de sete populações de *Tussilago farfara* L. no Irão. Scientia Horticulturae. 257: 108635.

341. Nobaek, R., Nielsen, K., e Kondo, T. 2002. Antocianinas de flores de *Cichorium intybus*. Phytochemistry. 60(4): 357-369.

342. Norfaizatul, S. O., Zetty Akmal, C. Z., Noralisa, A. K., Then, S. M., Wan Zurinah, W. N., e Musalmah, M. 2010. Efeitos duplos dos antioxidantes vegetais na viabilidade celular dos neurónios. Jornal de Plantas Medicinais. 9(6): 113-123.

343. Oboh, G., Raddatz, H., e Henle, T. 2009. Caracterização das propriedades antioxidantes dos extractos hidrofílicos e lipofílicos da folha de Juta (*Corchorus olitorius*). Jornal Internacional de Ciências Alimentares e Nutrição. 60(2): 124-134.

344. Ojwach, J., Kumar, A., Mukaratirwa, S., e Mutanda, T. 2020. Frutooligossacarídeos sintetizados por fructosiltransferase de uma cepa coprófila indígena *de Aspergillus niger* XOBP48 exibe atividade antioxidante. Bioactive Carbohydrates and Dietary Fibre. 24: 100238.

345. Oliveira, S. Q. D., Kappel, V. D., Pires, V. S., Lencina, C. L., Sonnet, P., Moreira, J. C. F., e Gosmann, G. 2014. Propriedades antioxidantes de compostos fenólicos de *Baccharis articulate* e *B. usterii*. Natural Product Communications. 9(7): 941-942.

346. Oroojalian, F., Kasra-Kermanshahi, R., Azizi, M., e Bassami, M. 2010. Composição fitoquímica dos óleos essenciais de três espécies de *Apiaceae* e os seus efeitos antibacterianos em agentes patogénicos de origem alimentar. Food Chem. 120: 765-770.

347. Ozen, T., e Korkmaz, H. Efeito modulador do extrato de folhas de *Urtica dioica* L. (Urticaceae) nos sistemas enzimáticos de biotransformação, enzimas antioxidantes lactato desidrogenase e peroxidação lipídica em ratos. Fitomedicina. 10(5): 405-415.

348. Ozkanlar, S., e Akcay, F. Antioxidant vitamins in atherosclerosis-animal experiments and clinical studies. Adv Clin Exp med. 21(1): 115-123.

349. Paiva, L., Lima, E., Motta, M., Marcone, M., e Batista, J. 2020. Variabilidade das propriedades antioxidantes, catequinas, cafeína, L-teanina e outros aminoácidos em diferentes partes vegetais da *Camellia sinensis* açoriana. Investigação atual em Ciência Alimentar. 3: 227-234.

350. Pande, J., e Chanda, S. 2020. Determinação do perfil fitoquímico e da eficácia antioxidante das folhas de *Lavendula bipinnata* recolhidas durante os dias de Magha Nakshatra e dias normais utilizando a técnica LC-QTOF-MS. Journal of Pharmaceutical and Biomedical Analysis. 186: 113347.

351. Parthasarathy, L., Khadilkar, V., Chiplonkar, S., e Khadilka, A. 2019. Efeito da suplementação antioxidante no status antioxidante total em crianças indianas com diabetes tipo 1. Jornal de suplementos dietéticos. 16(4): 390-400.

352. Pereira, S. V., Reis, R. A. S. P., Garbuio, D. C., e Freitas, L. A. P. D.2018. Maceração dinâmica de inflorescências *de Matricaria chamomilla*: condições ótimas para flavonoides e atividade antioxidante. Revista Brasileira de Farmacognosia. 28: 111-117.

353. Peres, M. T. L. P., Lopes, J. R. R., Bezerra da Silva, C., Candido, A. C. S., Simionatto, E., Pereira Cabral, M. R., Oliveira, R. M., et al. 2013. Atividade fitotóxica e antioxidante de sete frutas nativas do Brasil. Ata Bot Bras. 27(4): 836-846.

354. Pan, X., Liu, X., Zhao, H., Wu, B., e Liu, G. 2020. Efeito antioxidante, anti-inflamatório e neuroprotector do kaempferol no modelo de doença de Parkinson induzido por rotenona· s de ratos e células SH-S5Y5, prevenindo a perda de tirosina hidroxilase. Journal of Functional Foods. 74: 104140.

355. Parthiban, S., Arnold, J., Shankarram, V., Kumar, T., e Kadhiresan, R. 2016. Antioxidantes *in vitro* é uma necessidade de lesão pré-cancerosa oral. J Int Oral Health. 8: 220-223.

356. Paudel, M. R., Joshi, P. R., Chang, K., Sah, A. K., Acharya, S., Pant, B., e Pant, B. 2020. Efeitos antioxidantes, anticancerígenos e antimicrobianos de protocórmios desenvolvidos in vitro de *Dendrobium longicornu*. Biotechnology Reports. 28: e00527.

357. Piatti, E. 2006. O mel de millefiori cru está repleto de antioxidantes. Food Chem. 97(2): 217-222.

358. Pinheiro, F. D. A., Elias, L. F., Filho, M. D. J., Modolo, M. U., Rocha, J. D. C., G., Lemos, M. F., Scherer, R., e Cardoso, W. S. 2021. Flor de café arábica e conilon: Compostos bioativos e capacidade antioxidante sob diferentes processos. Food Chemistry. 336: 127701.

359. Pintore, G., Marchetti, M., Chessa, M., Sechi, B., Scanu, N., Mangano, G., e Tirillini, B. 2009. *Rosmarinus officinalis* L.: Modificações químicas do óleo essencial e avaliação da atividade antioxidante e antimicrobiana. Natural Product Communications. 4(12): 1685-1690.

360. Prasad, K. N. 2016. Ativação simultânea de Nrf2 e elevação de produtos

químicos antioxidantes dietéticos e endógenos para prevenção de câncer em humanos. Jornal do Colégio Americano de Nutrição. 35(2): 175-184.

361. Qin, L., Wang, H., Zhang, W., Pan, M., Xie, H., e Guo, X. 2020. Efeitos de diferentes métodos de secagem em substâncias fenólicas e atividades antioxidantes de passas sem sementes. LWT. 131: 109807.

362. Qin, Z., Liu, H.-M., Lv, T.-T., e Wang, X.-D. 2020. Estrutura, propriedades reológicas, térmicas e antioxidantes de polissacarídeos da parede celular de frutos de marmelo chinês. International Journal of Biological Macromolecules. 147: 1146-1155.

363. Rababah, T. M., hettiarachchy, N. S., e Horax, R. 2004. Fenólicos totais e actividades antioxidantes de feno-grego, chá verde, chá preto, sementes de uva, gengibre, alecrim, Gotu Kola e extractos de Ginkgo, vitamina E e terc-butil-hidroquinona. Journal of Agriculture and Food Chemistry. 52: 5183-5186.

364. Rach, P. R., e Patel, S. R. 2009. Avaliação in vitro da atividade antioxidante do extrato de folha de *Gymnema sylvestre*. Rom J Biol.-Plants Biol. 54(2): 141-148.

365. Raheel, R., Saddiqe, Z., Iram, M., e Afzal, S. 2020. Atividade antimitótica, antiproliferativa e antioxidante *in vitro* de extractos de casca de caule de *Ficus benghalensis* L. South African Journal of Botany. 111: 248-257.

366. Rahimi-Madiseh, M., Bahmani, M., Karimian, P., e Rafieian-kopaei, M. 2016. Herbalismo no Irão: uma revisão sistemática. Der Pharma Chem. 8(2): 36-42.

367. Rahimmalek, M., Afshari, M., Sarfaraz, D, e Miroliaei, M. 2020. Usando HPLC e análises multivariadas para investigar variações nos compostos polifenólicos, bem como atividades antioxidantes e antiglicantes de algumas espécies de Lamiaceae nativas do Irã. Industrial Crops and Products. 154: 112640.

368. Rajakumari, R., Volova, T., Oluwafemi, O. S., Kumar, S. R., Thomas, S., e Kalarikkal, N. 2020. Dispersão de extrato de semente de uva-soluplus e sua atividade antioxidante. Desenvolvimento de medicamentos e farmácia industrial. 46(8): 1219-1229.

369. Ran, L., Chi, Y., Huang, Y., He, Q., e Ren, Y. 2020. Efeito antioxidante sinérgico da glutationa e dos ácidos fenólicos comestíveis e melhoria da proteção da atividade por coencapsulação em lipossomas revestidos de quitosana. LWT. 127: 109409.

370. Ranjbar, A., Khorami, S., Safarabadi, M., et al. 2006. Atividade antioxidante da decocção de flores de *Echium amoenum* fisch & C. A. mey iraniana em humanos. Um ensaio clínico transversal antes/depois. Medicina Alternativa e Complementar Baseada em Evidências. 3(4): 469-473.

371. Rao, A. V., e Agarwal, S. 2000. Role of antioxidant lycopene in cancer and heart disease. Journal of the American College of Nutrition. 19(5): 563-569.

372. Ravipati, A. S., Zhang, L., Koyyalamudi, S. R., Jeong, S. C., Reddy, N., Bartlett, J., Smith, P. T., Shanmugam, K., Munch, G., Wu, M. J., Satyanarayanan, M.,

e Vysetti, B. 2012. Atividades antioxidantes e antiinflamatórias de plantas medicinais chinesas selecionadas e sua relação com o conteúdo antioxidante. BMC Medicina Complementar e Alternativa. 12: 173.

373. Rebelatto, E. A., Rodriguez, L. G. G., Rudke, A. R., Andrade, K. S., e Ferreira, S. R. S. 2020. Processos sequenciais de extração em base verde aplicados na recuperação de extratos antioxidantes de frutos de pimenta rosa. The Journal of Supercritical Fluids. 166: 105034.

374. Rezaeian, S., Pourianfar, H. R., e Janpoor, J. 2015. Propriedades antioxidantes de várias plantas medicinais que crescem selvagens no nordeste da Irna. Jornal Asiático de Ciência e Pesquisa de Plantas. 5(2): 63-68.

375. Robinson, E. E., Maxwell, S. R. J., e Thorpe, G. H. G. 1997. An investigation of the antioxidant activity of black tea using enhanced chemiluminescence. Free Radical Research 26(3): 291-302.

376. Rodrigues, J. S., Valle, C. P. D., Uchoa, A. F. J., Ramos, D. M., Ponte, F. A. F. D., Rios, M. A. D. S., Malveira, J. D. Q., e Ricardo, N. M. P. S. 2020. Estudo comparativo de antioxidantes sintéticos e naturais na estabilidade oxidativa do biodiesel de óleo de Tilápia. Energias Renováveis. 156: 1100-1106.

377. Rokosik, E., Siger, A., Rudzinska, M., e Dwiecki, K. 2020. A atividade antioxidante e o sinergismo do canolol e do α-tocoferol no óleo de colza são afectados pela presença de coloides de associação de fosfolípidos. LWT. 133: 110095.

378. Rubio-Perez, J. M., Vidal-Guevara, M. L., Zafrilla, P., e Morillas-Ruiz, J. M. 2014. Uma nova bebida antioxidante produzida com chá verde e maçã. Jornal Internacional de Ciências Alimentares e Nutrição. 65(5): 552-557.

379. Rudik, S., Dimitrijevic-Brankovic, S., Dimitrijevic, S., e Milic, M. 2020. Valorização do pó de folhas de alcachofra inexplorado para obtenção de extractos ricos em antioxidantes naturais. Tecnologia de Separação e Purificação. DOI: 10.1016/j.seppur.2020.117714

380. Ruslan, K., Happyniar, S., e Fidrianny, I. 2018. Potencial antioxidante de duas variedades de *Sesamum indicum* L. coletadas na Indonésia. Jornal de Ciências Médicas da Universidade de Taibah. 13(3): 211-218.

381. Rutkowska, M., Balcerczak, E., Swiechowski, R., Dubicka, M., e Olszewska, M. A. 2020. Variação sazonal na biossíntese de fenilpropanóides e atividade antioxidante *in vitro* das folhas de *Sorbus domestica*: Otimização do tempo de colheita para aplicação médica. Culturas e produtos industriais. 156: 112858.

382. Saba, E., Lee, Y. Y., Kim, M., Kim, S.-H., Hong, S.-B., e Rhee, M. H. 2020. Um estudo comparativo sobre as actividades imunoestimuladoras e antioxidantes de vários tipos de extractos de ginseng em modelos murinos e roedores. Journal of Ginseng Research. 42: 577-584.

383. Sabatini, L., Fraternale, D., Giacomo, B. D., Mari, M., Albertini, M. C., Gordillo, B., Rocchi, M. B. L., Sisti, D., Coppari, S., Semprucci, F., Guidi, L., e

Colomba, M. 2020. Composição química, atividade antioxidante, antimicrobiana e antiinflamatória do extrato etanólico de frutos de *Prunus spinosa* L.. Journal of Functional Foods. 67: 103885.

384. Sabir, S. M., Ahmad, S. D., Hamid, A., Khan, M. Q., Athayde, M. L., Santos, D. B., et al. 2012. Atividade antioxidante e hepatoprotetora do extrato etanólico de folhas de *Solidago microglossa* contendo compostos polifenólicos. Food Chem. 131(3): 741-747.

385. Sadeghi, N., Jannat, B., Oveisi, M. R., Hajimahmoodi, M., e Photovat, M. 2009. Antioxidant activity of Iranian pomegranate (*Punica granatum* L.) seed extracts. J Agr Sci Tech. 11: 633-638.

386. Sadraei, H., Ghannadi, A., e Malekshahi, K. 2003. Efeito relaxante do óleo essencial de *Melissa officinalis* e do citral nas contracções do íleo do rato. Fitoterapia. 74(5): 445-452.

387. Saeb, K., e Gholamrezaee, S. 2012. Variação da composição do óleo essencial das folhas de *Melissa officianlis* L. durante diferentes estágios de crescimento da planta. Asian Pac J Trop Biomed. 2(2): S547-S559.

388. Safari, M. R., Azizi, O., Heidary, S. S., Kheiripour, M., e Ravan, A. P. 2018. Atividade antiglicação e antioxidante de quatro extratos de plantas medicinais iranianas. Jornal de Pharmcopuncture. 21(2): 082-089.

389. Safarnavadeh, T., e Rastegarpanah, M. 2011. Tratamento antioxidante e de infertilidade, o papel da *Satureja Khuzestanica*: Uma revisão mini-sistemática. Jornal Iraniano de Medicina Reprodutiva. 9(2): 61-70.

390. Saifullah, Md., McCullum, R., McCluskey, A., e Yuong, Q. 2019. Efeitos de diferentes métodos de secagem em compostos fenólicos extraíveis e propriedades antioxidantes de folhas secas de murta de limão. Heliyon. 5: e03044.

391. Sakulnarmrat K., e Konczak, I. 2012. Composição de fracções ricas em polifenólicos de ervas australianas nativas e actividades inibitórias *in vitro* contra enzimas-chave relevantes para a síndrome metabólica. Food Chem. 134: 1011-1019.

392. Sakulnarmrat, K., Fenech, M., Thomas, P., e Konczak, I. 2013. Atividades citoprotetoras e pró-apoptóticas de extratos ricos em polifenólicos de ervas australianas nativas. Food Chem. 136: 9-17.

393. Salehi-Arjmand, H., Mazaheri, D., Hadian, J., Hosseini, M., e Ghorbanpour, M. 2014. Composição de óleos essenciais, actividades antioxidantes e teor de fenólicos de plantas selvagens e cultivadas de *Satureja bachtiarica* Bunge de origem Yazd. Jornal de Plantas Medicinais. 13(51): 6-14.

394. Salleh, W. M. N. H. W., Ahmad, F., Yen, K. H., e Sirat, H. M. 2012. Composições químicas, atividade antioxidante e antimicrobiana dos óleos essenciais de *Piper officinarum* (Piperaceae). 7(12): 1659-1662.

395. Salmanian, S., Sadeghi Mahoonak, A. R., Alami, M., e Ghorbani, M. 2014. Conteúdo fenólico, propriedades antirradicais, antioxidantes e antibacterianas do

extrato de sementes e polpa de espinheiro (*Crataegus elbursensis*). J Agr Sci Tech. 16: 343-354.

396. Samadi, S., e Raouf Fard, F. 2020. Propriedades fitoquímicas, atividade antioxidante e conteúdo mineral (Fe, Zn e Cu) em chá preto, chá verde e cálices de rosela produzidos no Irão. Biocatálise e Biotecnologia Agrícola. 23: 101472.

397. Samec, D., Piljac-Zegarac, J., Bogovic, M., Habjanic, K., e Gruz, J. 2011. Potência antioxidante da couve branca (*Brassica oleraceae* L. var. *capitata*) e da couve chinesa (*Brassica rapa* L. var. *pekinensis* (Lour.)): A influência do estádio de desenvolvimento, da escolha da cultivar e da seleção de sementes. Scientia Horticulturae. 128(2): 78-83.

398. Samei, S. P., Ghorbani, M., Tagliazucchi, D., Martini, S., Gotti, R., Themelis, T., Tesini, F., Gianotti, A., Toschi, T. G., e Babini, E. 2020. Propriedades funcionais, nutricionais, antioxidantes, sensoriais e perfil peptidômico comparativo da proteína da semente de feijão faba (*Vicia faba* L.). Food Chemistry. 330: 127120.

399. Sanchez-Lopez, F., Robles-Olvera, V. J., Hidalgo-Morales, M., e Tsopmo, A. 2020. Caracterização das frações proteicas de sementes de *Amaranthus hypochondriacus* e sua atividade antioxidante após hidrólise com bactérias do ácido lático. Jornal de Ciência dos Cereais. 95: 103075.

400. Sandoval, G., Thenoux, G., Molenaar, A. A. A., Gonzalez, M. 2019. O efeito antioxidante do bagaço de uva no ligante asfáltico. Jornal Internacional de Engenharia de Pavimentos. 20(2): 163-171.

401. Sangsopha, J., Moongngarm, A., John, N. P., e Grigg, N. P. 2019. Opimização de leite pasteurizado com leite de soja em pó e chá de folhas de amoreira com base em melatonina, compostos bioativos e atividade antioxidante usando metodologia de superfície de resposta. Heliyon. 5: e02939.

402. Santana, L. C. L. R., Brito, M. R. M., Oliveira, G. L. S., Cito, A. M. G. L., Alves, C. Q., David, J. P., et al. 2014. *Mikania glomerata*: Estudo fitoquímico, farmacológico e neuroquímico. Medicina complementar e alternativa baseada em evidências. 2014: 710410.

403. Saranchina, N. V., Damzina, A. A., Ermolaev, Y. E., Urazov, E. V., Gavrilenko, N. A., e Gavrilenko, M. A. 2020. Domesticação da capacidade antioxidante de tinturas medicinais usando o método cúprico envolvendo Cu (II) neocuproine imobilizado em matriz de polimetacrilato. Spectrochimica Ata Parte A: Espectroscopia Molecular e Biomolecular. 240: 118581.

404. Sarangarajan, R., Meers, S., Rukkumani, R., Sankar, P., e Anuradha, G. 2017. Antioxidantes: Amigo ou inimigo? Jornal de Medicina Tropical da Ásia-Pacífico. 10(12): 1111-1116.

405. Sargowo, D., Ovianti, N., Susilowati, E., Ubaidillah, N., Nugraha, A. W., Vitriyaturrida, Proboretno, K. S., Failasufi, M., Ramadhan, F., Wulandari, H., Waranugraha, Y., e Putri, D. H. 2018. O papel do peptídeo polissacarídeo de

Ganoderma lucidum como um potente antioxidante contra a aterosclerose em pacientes de alto risco e angina estável. Indian Heart Journal. 70: 608-614.
406. Sarikurkcu, C., Zengin, G., Oskay, M., Uysal, S., Ceylan, R., e Aktumsek, A. 2015. Composição, actividades antioxidantes, antimicrobianas e de inibição enzimática de dois óleos essenciais de *Origanum vulgare* subespécie (subsp. vulgar e subsp. hirtum). Ind Crops Prod. 70: 178-184.
407. Sarikurkcu, C., Andrade, J. C., Ozer, M. S., Silva, J. M. F. D. L., Ceylan, O., de Sousa, E. O., e Coutinho, H. D. M. 2020. Perfis LC-MS/MS e inter-relações entre a atividade de inibição enzimática, conteúdo fenólico total e potencial antioxidante de extratos *de Micromeria nervosa*. Química dos Alimentos. 328: 126930.
408. Seong, G.-U., Hwang, I.-W., e Chung, S.-K. 2016. Capacidades anti-oxidantes e polifenólicos das folhas de couve chinesa (*Brassica rapa* L. ssp. Pekinensis). Food Chemistry. 199: 612-618.
409. Serna-Escolano, V., Martinez-Romero, D., Gimenez, M. J., Serrano, M., Garcia-Martinez, S., Valero, D., Valverde, J. M., e Zapata, P. J. 2020. O aumento dos sistemas antioxidantes por tratamentos pré-colheita com metil jasmonato e ácido salicílico leva à manutenção da qualidade do limão durante o armazenamento a frio. Food Chemistry. DOI: 10.1016/j.foodchem.2020.128044
410. Shafaghat, A. 2011. Actividades antioxidantes, antimicrobianas e componentes de ácidos gordos da flor, folha, caule e semente de *Hypericum scabrum*. Comunicações de Produtos Naturais. 6(11): 1739-1742.
411. Shahrajabian, M. H., Sun, W., Zandi, P., e Cheng, Q. 2019a. Uma revisão do crisântemo, a rainha oriental da medicina tradicional chinesa com poder de cura nas ciências farmacêuticas modernas. Ecologia Aplicada e Pesquisa Ambiental. 17(6): 13355-13369.
412. Shahrajabian, M. H., Sun, W., e Cheng, Q. 2019b. Uma revisão das espécies de astrágalo como alimentos, suplementos alimentares, uma medicina tradicional chinesa e uma parte da ciência farmacêutica moderna. Ecologia Aplicada e Pesquisa Ambiental. 17(6): 13371-13382.
413. Shahrajabian, M. H., Sun, W., e Cheng, Q. 2019c. Aspectos clínicos e benefícios para a saúde do gengibre (*Zingiber officinale*) na medicina tradicional chinesa e na indústria moderna. Ata Agriculturae Scandinavica, Secção B-Soil and Plant Science. DOI: 10.1080/09064710/2019.1606930
414. Shahrajabian, M. H., Sun, W., e Cheng, Q. 2020a. Medicamentos tradicionais à base de plantas para a prevenção e tratamento de constipações e gripes no outono de 2020, sobrepostos à COVID-19. Comunicações de Produtos Naturais. 15(8): 1-10.
415. Shahrajabian, M. H., Sun, W., e Cheng, Q. 2020b. Produto da evolução natural (SARS, MERS e SARS-CoV-2); doenças mortais, da SARS à SARS-CoV-2. Vacinas e imunoterapêuticas humanas. DOI: 10.1080/21645515.2020.1797369
416. Shahrajabian, M. H., Sun, W., Shen, H., e Cheng, Q. 2020c. Fitoterapia

chinesa para tratamento e prevenção da SARS e SARS-CoV-2, encorajando o uso de fitoterapia para o surto de COVID-19. Ata Agriculturae Scandinavica, Secção B - Ciência do Solo e das Plantas. DOI: 10.1080/09064710.2020.1763448

417. Shahrajabian, M. H., Sun, W., e Cheng, Q. 2020d. Anis estrelado chinês (*Illicium verum*) e piretro (*Chrysanthemum cinerariifolium*) como alternativas naturais para a agricultura biológica e os cuidados de saúde - Uma revisão. Australian Journal of Crop Science. 14(03): 517-523.

418. Shankar, P., Kumar, V., e Rao, N. 2005. Avaliação da atividade antidiabética do *Ginkgo biloba* em ratos diabéticos induzidos por estreptozotocina. Jornal Iraniano de Farmacologia e Terapêutica. 4(1): 16-19.

419. Sharma, P., e Bhat, T. 2009. Revisitação do ensaio antioxidante DPPH. Food Chem. 113(4): 1202-1205.

420. Sharma, K., Sharma, A., Sharma, M., e Tanwar, K. 2014. Isolamento de orientina e vitexina da casca do caule de *Parkinsonia aculeate* (Caesalpiniaceae) e sua sucessiva pertença à fibra de lã de ovelha. Int J Pharmacogn Phytochem Res. 6(3): 557-561.

421. Sharma, K., Guleria, S., Razdan, V. K., e Babu, V. 2020. Actividades sinérgicas antioxidantes e antimicrobianas de óleos essenciais de algumas plantas medicinais selecionadas em combinação e com compostos sintéticos. Industrial Crops and Products. 154: 112569.

422. Shawon, R. A., Kang, B. S., Lee, S. G., Kim, S. K., Lee, H. J., Katrich, E., Gorinstein, S., e Ku, Y. G. 2020. Influência do estresse hídrico em compostos bioativos, enzimas antioxidantes e conteúdo de glucosinolato de couve chinesa (*Brassica rapa*). Food Chemistry. 308: 125657.

423. Shi, J., Gong, J., Liu, J., Wu, X., e Zhang, Y. 2009. Capacidade antioxidante do extrato de flores comestíveis de *Prunus mume* na China e seus componentes activos. LWT-Ciência e Tecnologia Alimentar. 42(2): 477-482.

424. Shi, Y.-X., Xu, Y.-K., Hu, H.-B., Na, Z., e Wang, W.-H. 2011. Avaliação preliminar da atividade antioxidante de folhas jovens comestíveis de sete espécies de *Ficus* na dieta étnica em Xishuangbanna, Sudoeste da China. Food Chemistry. 128(4): 889-894.

425. Shirinzadeh, H., Neuhaus, E., Erguc, E. I., Aliyev, A. T., Gurer-Orhan, H., e Suzen, S. 2020. Novos derivados de indol-7-aldeído como análogos da melatonina; síntese e triagem de seu potencial antioxidante e anticâncer. Bioorganic Chemistry. 104: 104219.

426. Shukla, S., Mehta, A., John, J., Singh, S., Mehta, P., e Vyas, S. P. 2009. Atividade antioxidante e conteúdo fenólico total do extrato etanólico de sementes *de Caesalpinia bonducella*. Food Chem Toxicol. 47(8): 1848-1851.

427. Silva, C., Pinto, M., Fernandes, C., Benfeito, S., e Borges, F. 2021. Terapia antioxidante e doenças neurodegenerativas: Lições de ensaios clínicos. System

Medicine. 2: 97-110.
428. Siraichi, J. T. G., Felipe, D. F., Brambilla, L. Z. S., Gatto, M. J., Terra, V. A., Cecchini, A. L., et al. 2013. Capacidade antioxidante do extrato de folhas obtido de *Arrabidaea chica* cultivada no Sul do Brasil. PLoS ONE. 8(8): e72733.
429. Sohretoglu, D., Genc, Y., Harput, S., Sabuncuoglu, S., Soral, M., Renda, G., e liptaj, T. 2016. Conteúdo fitoquímico, atividades antioxidantes e citotóxicas de *Sedum spurium*. Comunicações de produtos naturais. 11(11): 1693-1696.
430. Sokmen, A., Abdel-Baki, A.-A. S., Al-Malki, E. S., Al-Quraishy, S., e Abdel-Haleem, H. M. 2020. Constituintes do óleo essencial de *Origanum minutiflorum* e suas atividades antioxidantes, escolicidas e anticâncer *in vitro*. Jornal da Universidade Rei Saud - Ciência. 32: 2377-2382.
431. Soleimani, H., Barzegar, M., Sahari, M. A., e Naghdi Badi, H. 2011. Uma investigação sobre as actividades antioxidantes das extracções de plantas de *Hyssopus officinalis* L. e *Echinaceae purpurea* L. no sistema de modelo de óleo. Journal of Medicinal Plants. 10(37): 61-72.
432. Spencer, J. P. E., Kuhnle, G. G. C., Hajirezaei, M., Mock, H.-P., Sonnewald, U., e Rice-Evans, C. 2005. A variação genotípica do potencial antioxidante de diferentes variedades de tomate. Free Radical Research. 39(9): 1005-1016.
433. Song, Y., Cook, N. R., Albert, C. M., van Denburgh, M., e Manson, J. E. 2009. Effects of vitamins C and E and beta-carotene on the risk of type 2 diabetes in women at high risk of cardiovascular disease: a randomized controlled trial. Am J Clin Nutr. 90(2): 429-437.
434. Song, F.-L., Gan, r.-Y., Zhang, Y., Xiao, Q., Kuang, L., e Li, H.-B. 2010. Conteúdo fenólico total e capacidades antioxidantes de plantas medicinais chinesas selecionadas. Revista Internacional de Ciências Moleculares. 11: 2362-2372.
435. Song, R., Liang, T., Shen, Q., Liu, J., Lu, Y., Tang, C., Chen, X., Hou, T., e Chen, Y. 2020. A otimização da produção e caraterização de peptídeos antioxidantes a partir de hidrolisados de proteínas de *Agrocybe aegerita*. LWT. 134: 109987.
436. Sonowal, S., Bordoloi, M., Gogoi, R., e Tamuly, C. 2016. Antioxidant activity of flower buds of *Musa* spp. vendido e consumido como legumes. Jornal Internacional de Ciência dos Vegetais. 22(6): 564-569.
437. Sreelatha, S., Padma, P., e Umadevi, M. 2009. Efeitos protectores dos extractos *de Coriandrum sativum* na hepatotoxicidade induzida por tetracloreto de carbono em ratos. Food Chem Toxicol. 47(4): 702-708.
438. Stanner, S. A., Hughes, J., Kelly, C. N., e Buttriss, J. 2004. A review of the epidemiological evidence for the antioxidant hypothesis. Public Health Nutr. 7(3); 407-422.
439. Sun, W., Shahrajabian, M. H., e Cheng, Q. 2019a. Anis (*Pimpinella anisum* l.), uma especiaria dominante e erva medicinal tradicional para fins alimentares e medicinais. Cogent Biology. 5(1673688): 1-25.

440. Sun, W., Shahrajabian, M. H., e Cheng, Q. 2019b. A visão e pesquisa sobre propriedades medicinais e componentes nutritivos da chalota. Jornal de Pesquisa de Plantas Medicinais. 13(18): 452-457.

441. Sun, C., Liu, Y., Zhan, L., Rayat, G. R., Xiao, J., Jiang, H., Li, X., e Chen, K. 2020. Efeitos antidiabéticos de antioxidantes naturais de frutas. Tendências em Ciência e Tecnologia de Alimentos. DOI: 10.1016/j.tifs.2020.07.024

442. Suryawanshi, J. A. S. 2011. Uma visão geral do *Citrus aurantium* usado no tratamento de várias doenças. Afr J Plant Sci. 7: 390-395.

443. Szkudlinska, M. A., von Frankenberg, A. D., e Utzschneider, K. M. 2016. O antioxidante N-acetilcisteína não melhora a tolerância à glicose ou a função das células beta no diabetes tipo 2. J Diabetes Complicat. 30(4): 618-622.

444. Tabaraki, R., Nateghi, A., e Ahmady-Asbchin, S. 2013. Avaliação in vitro das actividades antioxidantes e antibacterianas de seis plantas comestíveis do Irão. Jornal de Acupunctura e Estudos de Meridianos. 6(3): 159-162.

445. Takuli, P., Khulbe, K., Kumar, P., Parki, A., Syed, A., e Elgorban, A. M. 2020. Perfil fitoquímico, eficácia antioxidante e antibacteriana de um feto nativo dos Himalaias: *Woodwardia unigemmata* (Makino) Nakai. Jornal Saudita de Ciências Biológicas. 27: 1961-1967.

446. Tatjiana, K., e Svetlana, K. 2005. Atividade antioxidante *in vitro* de algumas espécies de Teucrium (Lamiaceae). Ata Pharm. 55: 207-214.

447. Tehranifar, A., Zarei, M., Nemati, Z., Esfandiyari, B., e Vazifeshenas, M. R. 2010. Investigação das propriedades físico-químicas e da atividade antioxidante de vinte cultivares de romã iraniana (*Punica granatum* L.). Scientia Horticulturae. 126(2): 180-185.

448. Teow, C., e Truong, V. 2007. Actividades antioxidantes, conteúdos fenólicos e de β-caroteno de genótipos de batata-doce com diferentes cores de polpa. Food Chem. 103: 829-838.

449. Thomasson, M. J., Diego-Taboada, A., Barrier, S., Martin-Guyout, J., Amedjou, E., Atkin, S. L., Queneau, Y., Boa, A. N., e Mackenzie, G. 2020. Cápsulas de exina de esporopolização (SpECs) derivadas de *Lycopodium clavatum* fornecem propriedades antioxidantes práticas, retardando a rancidificação de um óleo ω-3. Industrial Crops and Products. 154: 112714.

450. Thompson, J. D., Manicacci, D., e Tarayre, M. 1998. Thirty-five years of thyme: a tale of two polymorphisms. Porquê muitas fêmeas? Porquê muitos quimiotipos? Bio Sci. 48: 805-815.

451. Thummajitsakul, S., Samaikam, S., Tacha, S., e Silprasit, K. 2020. Estudo sobre espetroscopia FTIR, conteúdo fenólico total, atividade antioxidante e atividade anti-amilase de extratos e diferentes formas de chá de folhas de *Garcinia schomburgkiana*. LWT. 134: 110005.

452. Tian, L., Zhao, Y., Guo, C., e Yang, X. 2011. Um estudo comparativo sobre as

actividades antioxidantes de um polissacárido ácido e vários extractos de solventes derivados de *Houttuynia cordata* à base de plantas. Carbohydrate Polymers. 83: 537-544.

453. Tian, J., Zeng, X., Zhang, S., Wang, Y., Zhang, P., Lu, A., e Peng, X. 2014. Variação regional nos componentes e atividades antioxidantes e antifúngicas dos óleos essenciais *de Perilla frutescens* na China. Culturas e produtos industriais. 59: 69-79.

454. Tian, W., Zhi, H., Yang, C., Wang, L., Long, J., Xiao, L., Liang, J., Huang, Y., Zheng, X., Zhao, S., Zhang, K., e Zheng, J. 2018. Composição química de alcalóides de *Plumula nelumbinis* e sua atividade antioxidante de diferentes habitats na China. Culturas e produtos industriais. 125: 537-548.

455. Tian, C., Chang, Y., Zhang, Z., Wang, H., Xiao, S., Cui, C., e Liu, M. 2019. Tecnologia de extração, análise de componentes, atividades antioxidantes, antibacterianas, analgésicas e anti-inflamatórias da fração de *flavonóides* das folhas de *Tribulus terrestris* L.. Heliyon. 5: e02234.

456. Tinello, F., e Lante, A. 2020. Efeito das condições de armazenamento acelerado em óleos de soja enriquecidos com gengibre e cúrcuma, comparando um antioxidante sintético BHT. LWT. 131: 109797.

457. Tirillini, B., Menghini, L., Leporini, L., Scanu, N., Marino, S., e Pintore, g. 2013. Atividade antioxidante do extrato de metanol de *Helichrysum foetidum* Moench. Pesquisa de produtos naturais. 27(16): 1484-1487.

458. Tlili, N., Elfalleh, W., Hannachi, H., yahia, Y., Khaldi, A., Ferchichi, A., e Nasri, N. 2013. Triagem de antioxidantes naturais de plantas medicinais selecionadas. Jornal Internacional de Propriedades Alimentares. 16(5): 1117-1126.

459. Tohidi, B., Rahimmalek, M., e Arzani, A. 2017. Composição do óleo essencial, fenólicos totais, conteúdo de flavonóides e atividade antioxidante de espécies de *Thymus* coletadas em diferentes regiões do Irã. Química Alimentar. 220: 153-161.

460. Toledo Dias, L. F., de Melo, E. S., Hernandes, L. S., e Bacchi, E. M. 2009. Atividades antiúlcera e antioxidante *Baccharis trimera* (Less) DC (Asteraceae). Rev. bras. farmacogn. 19(1b): 309-314

461. Torre, M. P. D., Vizmanos, J. L., Cavero, R. Y., e Calvo, M. I. 2020. Melhoria da atividade antioxidante do orégano (*Origanum vulgare* L.) com uma forma farmacêutica oral. Biomedicina e Farmacoterapia. 129: 110424.

462. Undeger, U., Basaran, A., Degen, G. H., e Basaran, N. 2009. Actividades antioxidantes dos principais ingredientes do tomilho e ausência de danos (oxidativos) no ADN em células de fibroblastos de pulmão de hamster chinês V79 a níveis baixos de carvacrol e timol. Food and Chemical Toxicology. 47(8): 2037-2043.

463. Valizadeh, H., Sonboli, A., Mahmoodi Kordi, F., Dehghan, H., e Bahadori, M. B. 2015. Citotoxicidade, atividade antioxidante e teor fenólico de oito espécies de

fetos do Norte do Irão. Ciências Farmacêuticas. 21: 18-24.
464. Vazquez-Sanchez, A. Y., Aguilar-Zarate, P., Muniz-Marquez, D. B., Wong=Paz, J. E., Rojas, R., Ascacio-Valdes, J. A., e Martinez-Avila, G. C. G. 2019. Efeito do tratamento com ultrassom na extração de antioxidantes dos frutos de *Ardisia compressa* Kunth e identificação de fitoquímicos por HPLC-ESI-MS. Heliyon. 5: e03058.
465. Vichitphan, S., e Vichitphanl, K. 2007. Teor de flavonóides Teor de lavonóides e atividade antioxidante do vinho de Kaempferia parviflora. Kmttl Sci Tech J. 7: 97-105.
466. Vidal-Gutierrez, M., Robles-Zepeda, R. E., Vilegas, W., Gonzalez-Aguilar, G. A., Torres-Moreno, H., e Lopez-Romero, J. C. 2020. Composição fenólica e atividade antioxidante de *Bursera microphylla* A. Gray. Culturas e produtos industriais. 152: 112412.
467. Vidya, R., Masilla, B. R. P., Saranya, J., Eganathan, P., Jithin, M. M., e Kumar, N. P. A. 2013. Atividades antioxidantes de extratos de madeira e folhas de *Hopea erosa*. Jornal de produtos biologicamente ativos da natureza. 3(2): 14-160.
468. Vitalini, S., Beretta, G., Iriti, M., Orsenigo, S., Basilico, M., Dall· Acqua, S., Iorizzi, M., e Fico, G. 2011. Compostos fenólicos de *Achillea millefolium* L. e sua bioatividade. Ata Biochim Pol. 58: 203-209.
469. Viuda-Martos, M., Sendra, E., Sayas, E., Perez-Alvarez, J. A., e Fernandez-Lopez, J. F. 2015. Co-produtos líquidos de figo (*Ficus carica*) como novo ingrediente funcional potencial: Propriedades físico-químicas e antioxidantes *in vitro*. Natural Product Communications.10(7): 1219-1223.
470. Vladic, J., Zekovic, Z., Cvejin, A., Adamovic, D., e Vidovic, S. S. 2014. Otimização do processo de extração *de Satureja montana* considerando antioxidantes fenólicos e atividade antioxidante. Ciência e Tecnologia da Separação. 49(13): 2066-2072.
471. Voravuthikunchai, S. P., Kanchanapoom, T., Sawangjaroen, N., e Hutadilok-Towatana, N. 2010. Actividades antioxidantes, antibacterianas e antigiardiais de *Walsura robusta* Roxb. Investigação de Produtos Naturais. 24(9): 813-824.
472. Wang, C., Hua, D., e Yan, C. 2015. Caracterização estrutural e atividades antioxidantes de um novo frutano de *Achyranthes bidentata* Blume, uma famosa planta medicinal na China. Culturas e produtos industriais. 70: 427-434.
473. Wang, S., Amigo-Benavent, M., Mateos, R., Bravo, L., e Sarria, B. 2017. Efeitos da digestão *in vitro* e do armazenamento no conteúdo fenólico e na capacidade antioxidante de um bagaço de uva vermelha. Jornal Internacional de Ciências Alimentares e Nutrição. 68(2): 188-200.
474. Wang, L., Liu, H.-M., e Qin, G.-Y. 2017. Caracterização da estrutura e atividade antioxidante de polissacarídeos da farinha de sementes de marmelo chinês. Química Alimentar. 234: 314-322.

475. Wang, L., Clardy, A., Hui, D., Gao, A., e Wu, Y. 2019. Propriedades antioxidantes e antidiabéticas dos melões amargos chineses e indianos (*Momordica charantia* L.). Biociência Alimentar. 29: 73-80.

476. Wang, N., Pei, D., Yu, P., Huang, X., Zhao, L., Wei, J., Liu, J., e Di, D. 2020. Estratégia para a separação de compostos antioxidantes fortemente polares de *Lycium barbarum* L. via cromatografia de contracorrente de alta velocidade. Journal of Chromatography B. 1153: 122268.

477. Wang, F., Long, S., Zhang, J., Yu, J., Xiong, Y., Zhou, W., Qiu, J., e Jiang, H. 2020. Actividades antioxidantes e efeitos anti-proliferativos dos extractos *de Moringa oleifera* L. com cancro da cabeça e pescoço. Food Bioscience. 37: 100691.

478. Wangensteen, H., Samuelsen, A. B., e Malterud, K. E. 2004. Atividade antioxidante em extractos de coentros. Food Chem. 88(2): 293-297.

479. Wathoni, N., Shan, C. Y., Shan, W. Y., Rostinawati, T., Indradi, R. B., Pratiwi, R., e Muchtaridi, M. 2019. Caracterização e atividade antioxidante da pectina da casca do mangostão indonésio (*Garcinia mangostana* L.). Heliyon. 5: e02299.

480. Wee, J. H., e Park, K. H. 2001. Isolamento do ácido 4-hidroxicinâmico, ácido 3-metoxi-4-hidroxicinâmico e ácido 3, 4-di-hidroxibenzóico com atividade antioxidante e antimicrobiana do amendoim (*Arachis hypogaea*). Food Sci Biotechnol. 10(5): 84-89.

481. Wee, J. H., Moon, J. H., Eun, J. B., Chung, J. H., Kim, Y. G., e Park, K. H. 2007. Isolamento e identificação de antioxidantes de cascas de amendoim e a relação entre estrutura e atividade antioxidante. Food Sci Biotechnol. 16(1): 116-122.

482. Wen, L., Guo, X., Liu, R. H., You, L., Abbasi, A. M., e Fu, X. 2015. Conteúdo fenólico e atividade antioxidante celular do espinheiro chinês *Crataegus pinnatifida*. Química alimentar. 186: 54-62.

483. West, I. C. 2000. Radicais e stress oxidativo na diabetes. Diabet Med. 17(3): 171-180.

484. Wong, C.-C., Li, H.-B., Cheng, K.-W., e Chen, F. 2006. Um estudo sistemático da atividade antioxidante de 30 plantas medicinais chinesas utilizando o ensaio de poder antioxidante redutor férrico. Food Chemistry. 97(4): 705-711.

485. Wong, F.-C., Xiao, J., Wang, S., Ee, K.-Y., e Chai, T.-T. 2020. Avanços nos peptídeos antioxidantes de fontes vegetais comestíveis. Tendências em Ciência e Tecnologia Alimentar. 99: 44-57.

486. Wozniak, D., Drys, A., e Matkowski, A. 2015. Atividade antirradicalar e antioxidante de flavonas de *Scutellariae bacicalensis* radix. Pesquisa de produtos naturais. 29(16): 1567-1570.

487. Wrona, M., Silva, F., Salafranca, J., Nerin, C., Alfonso, M. J., e Caballero, M. A. 2021. Projeto de novas embalagens ativas antioxidantes naturais: Fluxograma de triagem de óleos essenciais puros e óleos vegetais para testes *ex vivo* em amostras de carne. Food Control. 120: 107536.

488. Wu, G., Shen, Y., Qi, Y., Zhang, H., Wang, L., Qian, H., Qi, X., Li, Y., e Johnson, S. K. 2018. Melhoria das propriedades antioxidantes *in vitro* e celulares do pão chinês cozido no vapor através da adição de sorgo. LWT. 91: 77-83.

489. Wu, Z., Xu, S., Shi, H., Zhao, P., Liu, X., Li, F., Deng, T., Du, R., Wang, X. e Wang, F. 2018. Comparação de silício foliar e selénio na absorção de cádmio, compartimentação, translocação e sistema antioxidante na couve flor chinesa. Ecotoxicologia e Segurança Ambiental. 166: 157-164.

490. Wu, H., Chai, Z., Hutabarat, R. P., Zeng, Q., Niu, L., Li, D., Yu, H. e Huang, W. 2019. Folhas de mirtilo de 73 cultivares diferentes no sudeste da China como suplementos nutracêuticos ricos em antioxidantes. Pesquisa Internacional de Alimentos. 122: 548-560.

491. Wu, Y., Zhang, Z., Chen, T., Cheng, C., Zhang, Z., Zhou, H., e Luo, P. 2020. Comparação de duas variedades de Polygonum chinense utilizadas no chá frio chinês em termos de perfis químicos e actividades antioxidantes/anti-inflamatórias. Food Chemistry. 310: 125840.

492. Xi, W., Fang, B., Zhao, Q., Jiao, B., e Zhou, Z. 2014. Composição de flavonóides e atividades antioxidantes das variedades locais chinesas de pummelo (*Citrus grandis* Osbeck.). Química Alimentar. 161: 230-238.

493. Xia, Z., Liu, M., Wu, Y., Sharma, V., Luo, T., Ouyang, J., et al. 2006. N-acetylcysteine attenuates TNF-alpha-induced human vascular endothelial cell apoptosis and restores eNOS expression. Eur J Pharmacol. 550(1-3): 134-142.

494. Xia, J., Yang, C., Wang, Y., Yang, Y., e Yu, J. 2017. Actividades antioxidantes e antiproliferativas dos extractos de folhas de *Trapa bispinosa* e componentes activos. Jornal Sul-Africano de Botânica. 113: 377-381.

495. Xiang, L., Wang, Y., Yi, X., Wang, X., e He, X. 2016. Constituinte químico e atividade antioxidante da casca da nogueira chinesa. Jornal de Alimentos Funcionais. 23: 378-388.

496. Xu, B. J., Yuan, S. H., et al. 2007. Análise comparativa da composição fenólica, capacidade antioxidante e cor de leguminosas de estação fria e outras leguminosas alimentares selecionadas. J Food Sci. 72: S167-S177.

497. Xu, D.-P., Li, Y., Meng, X., Zhou, T., Zhou, Y., Zheng, J., Zhang, J.-J., e Li, H.-B. 2017. Antioxidantes naturais em alimentos e plantas medicinais: extração, avaliação e recursos. Revista Internacional de Ciências Moleculares. 18: 96.

498. Xu, X., Huag, Y., Xu, J., He, X., e Wang, Y. 2020. Fenóis anti-neuroinflamatórios e antioxidantes da fruta da amoreira (*Morus alba* L.). Jornal de Alimentos Funcionais. 68: 103914.

499. Xu, R., Bu, Y.-G., Zhao, M.-L., Tao, R., Luo, J., e Li, Y. 2020. Estudos sobre constituintes antioxidantes e inibidores da α-glucosidase do botão de toon chinês (*Toona sinensis*). Jornal de Alimentos Funcionais. 73: 104108.

500. Yakubu, O. F., Adebayo, A. H., Iweala, E. E. J., Adelani, I. B., Ishola, T. A., e

Zhang, Y.-J. 2019. Atividades anti-inflamatórias e antioxidantes de frações e compostos de *Ricinodendron heudelotii* (Baill.). Heliyon. 5: e02779.

501. Yan, Z., ZHong, Y., Duan, Y., Chen, Q., e Li, F. 2020. Mecanismo antioxidante dos polifenóis do chá e seu impacto nos benefícios para a saúde. Animal Nutrition. 6: 115-123.

502. Yang, L., Liu, S., Liu, R., e He, J. 2020. Isolamento guiado por bioensaio de derivados fenilpropanóides inibidores da ciclooxigenase-2 e antioxidantes das raízes de *Dendropanax dentiger*. Bioorganic Chemistry. 104: 104211.

503. Yao, X.-H., Shen, Y.-S., Hu, R.-Z., Xu, M., Huang, J.-X., He, C.-X., Cao, F.-L., Fu, Y.-J., Zhang, D.-Y., Zhao, W.-G., Liu, L., e Chen, T. 2020. A atividade antioxidante e a composição do óleo de sementes de cultivares de amoreira. Food Bioscience. 37: 100709.

504. Yeneer, Z., Celik, I., Ilhan, F., et al. 2009. Efeitos da semente *de Urtica dioica* L. na peroxidação lipídica, antioxidantes e patologia hepática na lesão tecidular induzida por aflatoxina em ratos. Food Chem Toxicol. 47(2): 418-424.

505. Zaferanchi, S., Salmasi, S. Z., Salehi Lisar, S. Y., e Sarikhani, R. 2019. Influência de orgânicos e bio fertilizantes nas propriedades bioquímicas de *Calendula officinalis* L. International Journal of Horticultural Science and Technology. 6(1): 125-136.

506. Zahin, M., e Aqil, A. 2009. A atividade antioxidante in vitro e o conteúdo fenólico total de quatro plantas medicinais indianas. Inter J Pharmacy and Pharmaceutical Sci. 1(1): 88-95.

507. Zarghami Moghaddam, P., Mazandarani, M., Zolfaghari, M. R., Badeleh, M. T., e Ghaemi, E. A. 2012. Actividades antibacterianas e antioxidantes do extrato de raiz de *Onosma dichroanthum* Boiss. no norte do Irão. Jornal Africano de Investigação em Microbiologia. 6(8): 1776-1781.

508. Zefang, L., Zhao, Z., Hongmei, W., Zhiqin, Z., e Jie, Y. 2016. Composição fenólica e capacidades antioxidantes das cultivares locais chinesas de pummel' peel. Horticultural Plant Journal. 2(3): 133-140.

509. Zengin, G., Ferrante, C., Orlando, G., Zheleva-Dimitrova, D., Gevrenova, R., Recinella, L., Chiavaroli, A., Leone, S., Brunetti, L., Aumeeruddy, M. Z., Aktumsek, A., Mahmoodally, M. F., Angelini, P., Covino, S., Venanzoni, R., Tirillini, B., e Menghini, L. 2019. Perfil químico e atividade farmaco-toxicológica dos extratos *de Origanum spiyleum*: exploração de novas fontes para potenciais agentes terapêuticos. J Food Biochem. 43.

510. Zhang, H., Jiang, L., Ye, S., e Ren, F. Z. 2010. Avaliação sistemática das capacidades antioxidantes do extrato etanólico de diferentes tecidos de jujuba (*Ziziphus jujuba* Mill.) da China. Food Chem Toxicol. 48: 1461-1465.

511. Zhang, D.-Y., Luo, M., Wang, W., Zhao, C.-J., Gu, C.-B., Zu, Y.-G, Fu, Y.-J., Yao, X.-H., e Duan, M.-H. 2013. Variação de constituintes ativos e atividade

antioxidante em pyrola (*P. incarnate* Fisch.) De diferentes locais no nordeste da China. Química Alimentar. 141(3): 2213-2219.

512. Zhang, D.-Y., Yao, X.-H., Duan, M.-H., Wei, F.-Y., Wu, G.-H., e Li, L. 2015. Variação do teor de óleo essencial e da atividade antioxidante das espécies de *Lonicera* em diferentes locais da China. Culturas e produtos industriais. 77: 772-779.

513. Zhang, Y., Zhou, X., Tao, W., Li, L., Wei, C., Duan, J., Chen, S., e Ye, X. 2016. Atividades antioxidantes e antiproliferativas de proantocianidinas de folhas de bayberry chinês (*Myrica rubra* Sieb. Et Zucc.). Jornal de Alimentos Funcionais. 27: 645-654.

514. Zhang, Q., Chen, W., Zhao, J., e Xi, W. 2016. Constituintes funcionais e atividades antioxidantes de oito genótipos de goji nativos chineses. Química Alimentar. 200: 230-236.

515. Zhang, X.-X., Shi, Q.-Q., Ji, D., Niu, L.-X., e Zhang, Y.-L. 2017. Determinação do conteúdo fenólico, perfil e atividade antioxidante de sementes de nove espécies de peônia de árvores (*Paeonia* section *Moutan* DC.) nativas da China. Food Research International. 97: 141-148.

516. Zhang, D.-Y., Wan, Y., Hao, J.-Y., Hu, R.-Z., Chen, C., Yao, X.-H., Zhao, W.-G., Liu, Z.-Y., e Li, L. 2018. Avaliação do conteúdo de alcalóides, polifenóis e antioxidantes de várias cultivares de amoreira de diferentes áreas de plantio no leste da China. Culturas e produtos industriais. 122: 298-307.

517. Zhang, H., Birch, J., Xie, C., Yang, H., Dias, G., Kong, L., e Bekhit, A. E.-D. 2018. Otimização dos parâmetros de extração da atividade antioxidante de extratos de cultivares de raiz de *Asparagus officinalis* L. da Nova Zelândia e da China. Culturas e produtos industriais. 119: 191-200.

518. Zhang, S., Huang, Y., Li, Y., Wang, Y., e He, X. 2019. Fenilpropanóides anti-neuroinflamatórios e antioxidantes da azeitona chinesa. Food Chemistry. 286: 421-427.

519. Zhang, L., Santos, J. S., Cruz, T. M., Marques, M. B., Carmo, M. A. V. D., Azevedo, L., Wang, Y., e Granato, D. 2019. Efeitos multivariados dos graus de chá preto chinês keemun (*Camellia sinensis* var. *sinensis*) na composição fenólica, atividades antioxidantes, anti-hemolíticas e citotóxicas / citoprotetoras. Food Research International 125: 108516.

520. Zhang, H., Birch, J., Xie, C., Yang, H., e Bekhit, A. E.-D. 2019. Otimização do método de extração assistida por ultrassom para compostos fitoquímicos e atividade antioxidante *in vitro* de extratos de raízes de cultivares de espargos da Nova Zelândia e China (*Officinalis* L.). Química Alimentar. 294: 276-284.

521. Zhang, J., Li, Z., Zhou, L., Bao, J., e Xu, J. 2020. As modificações de um frutano de *Anemarrhena asphodeloides* Bunge e suas atividades antioxidantes. Jornal Internacional de Macromoléculas Biológicas. DOI: 10.1016/j.ijbiomac.2020.09.024

522. Zhang, X., Li, X., Su, M., Du, J., Zhou, H., Li, X., e Ye, Z. 2020. Uma

abordagem metabolómica comparativa baseada em UPLC-Q-TOF/MS para distinguir cultivares de frutos de pêssego (*Prunus persica* (L.) Batsch) com atividade antioxidante variável. Food Research International. DOI: 10.1016/j.foodres.2020.109531

523. Zhang, X., Liu, Q., Chen, Z., e Zuo, X. 2020. Conjunto de sensores colorimétricos para deteção e identificação precisas de antioxidantes com base em iões metálicos como receptores de sensores. Talanta. 215: 120935.

524. Zhao, Q., Bowles, E. J., e Zhang, H.-Y. 2008. Actividades antioxidantes de onze óleos essenciais australianos. Natural Product Communications. 3(5): 837-842.

525. Zhao, H.-X., Zhang, H.-S., e Yang, S.-F. 2014. Compostos fenólicos e suas atividades antioxidantes em extratos etanólicos de sete cultivares de jujuba chinesa. Ciência dos Alimentos e Bem-Estar Humano. 3(3-4): 183-190.

526. Zheng, G., Deng, J., Wen, L., You, L., Zhao, Z., e Zhou, L. 2018. Libertação de compostos fenólicos e capacidade antioxidante do espinheiro chinês *Crataegus pinnatifida* durante a digestão *in vitro*. Jornal de Alimentos Funcionais. 40: 76-85.

527. Zhou, W., Lv, T., Hu, Y., Liu, W., Bi, Q., Jin, C., Lu, L., e Lin, X. 2020. O efeito da limitação de nitrogênio nas qualidades antioxidantes está altamente associado aos genótipos de alface (*Lactuca sativa* L.). Pedosphere. 30(3): 414-425.

528. Zhou, W., Zhao, Y., Yan, Y., Mi, J., Lu, L., Luo, Q., Li, X., Zeng, X., e Cao, Y. 2020. Atividades antioxidantes e imunomoduladoras *in vitro* de polissacarídeos de pólen coletado por abelhas de wolfberry chinês. Jornal Internacional de Macromoléculas Biológicas. 163: 190-199.

529. Zhu, F., Sakulnak, R., e Wang, S. 2016. Efeito do chá preto nas propriedades antioxidantes, texturais e sensoriais do pão chinês cozido a vapor. Food Chemistry. 194: 1217-1223.

530. Zhu, Y., Yu, X., Ge, Q., Li, J., Wang, D., Wei, Y., e Ouyang, Z. 2020. Atividades antioxidantes e antienvelhecimento de polissacarídeos de *Cordyceps cicadae*. Jornal Internacional de Macromoléculas Biológicas. 157: 394-400.

531. Ziegler, D., Nowak, H., Kempler, P., Vargha, P., e Low, P. A. 2004. Tratamento da polineuropatia diabética sintomática com o antioxidante ácido alfa-lipóico: uma meta-análise. Diabet Med. 21(20; 114-121.

532. Zoubiri, S., e Baaliouamer, A. 2010. Composição do óleo essencial de sementes *de Coriandrum sativum* cultivadas na Argélia como protetor de grãos alimentares. Food Chem. 122(4): 1226-1228.

Contribuições dos autores: W.S.: redação - preparação do rascunho original e edição; M.H.S.: redação - preparação do rascunho original e edição. Todos os autores leram e concordaram com a versão publicada do manuscrito.
Financiamento: Esta investigação foi financiada pela Fundação de Ciências Naturais de Pequim, China (Subvenção n.º M21026). Esta investigação foi também apoiada pelo Programa Nacional de I&D da China (subvenção de investigação 2019YFA0904700).
Declaração do Conselho de Revisão Institucional: Não aplicável.
Declaração de consentimento informado: Não aplicável.
Declaração de disponibilidade de dados: Não aplicável.
Conflitos de interesse: Os autores declaram não haver conflito de interesses.

Printed by Books on Demand GmbH, Norderstedt / Germany